VARIATIONSRECHNUNG IM GROSSEN

(THEORIE VON MARSTON MORSE)

VON

H. SEIFERT UND W. THRELFALL

MIT 25 ABBILDUNGEN

Published and Distributed in the Public Interest by Authority of the Attorney General under License No. A-1295

CHELSEA PUBLISHING COMPANY
231 WEST 29TH STREET, NEW YORK 1, N. Y.
1948

Originally Published by B. G. Teubner

PRINTED IN THE UNITED STATES OF AMERICA

Durissima est hodie condicio scribendi libros mathematicos. — Nisi enim servaveris genuinam subtilitatem propositionum, instructionum, demonstrationum, conclusionum, liber non erit mathematicus; sin autem servaveris, lectio efficitur morosissima. — Adeoque hodie perquam pauci sunt lectores idonei: ceteri in commune respuunt. Quotusquisque mathematicorum est, qui tolerat laborem perlegendi Apollonii Pergaei Conica? Est tamen illa materia ex eo rerum genere, quod longe facilius exprimitur figuris et lineis quam nostra. — Ipse ego, qui mathematicus audio, hoc meum opus relegens fatisco viribus cerebri, dum ex figuris ad mentem revoco sensus demonstrationum, quos a mente in figuras et textum ipse ego primitus induxeram. Dum igitur medeor obscuritati materiae insertis circumlocutionibus, jam mihi contrario vitio videor in re mathematica loquax. Et habet ipsa etiam prolixitas phrasium suam obscuritatem non minorem quam concisa brevitas. Haec mentis oculos effugit, illa distrahit: eget haec luce, illa splendoris copia laborat: hic non movetur visus, illic plane excoecatur. — Ex eo consilium cepi, quadam luculenta introductione in hoc opus juvare captum lectoris, quoad ejus fieri possit.

Nach der Einleitung der Astronomia nova von Kepler (Prag 1609)

Vorwort.

Wir geben in der vorliegenden Einzelschrift eine freie Darstellung von Ergebnissen der Variationsrechnung im Großen, die man MARSTON MORSE verdankt und deren Ursprünge auf die Einführung der Topologie in die Analysis durch H. POINCARÉ zurückgehen. Man findet die einschlägige Literatur in den beiden folgenden Schriften von M. MORSE:

I. The calculus of variations in the large. Amer. math. soc. colloquium publ. Vol. 18, New York 1934.

II. Functional topology and abstract variational theory. Mémorial des sciences math. Paris 1938.

Ferner vergleiche man

III. C. Carathéodory, Variationsrechnung (Leipzig 1934),

der in einem Anhange einen kurzen Bericht über einige wichtige Arbeiten gibt.

Weitere Literaturangaben findet man in den Anmerkungen am Ende des Buches.

Dem Zwecke dieser Einzelschrift entsprechend, lassen wir den Begriff der Indexform ebenso wie die analytische Auswertung der Ergebnisse beiseite und arbeiten dafür möglichst rein die weniger bekannte topologische Methode heraus.

Vielfach verzichten wir zugunsten der Einfachheit und Lesbarkeit auf größtmögliche Allgemeinheit. So beschränken wir uns auf das Problem der geodätischen Linien, statt beliebige positive und positivreguläre Variationsprobleme zu behandeln; so erweitern wir erst im letzten Paragraphen das Problem der festen Randpunkte auf beliebige Randmannigfaltigkeiten, und wir setzen von den Fundamentalgrößen der Riemannschen Metrik d r e i malige Differenzierbarkeit voraus, obwohl man mit etwas Mühe schon aus z w e i maliger stetiger Differenzierbarkeit die benötigte zweimalige stetige Differenzierbarkeit der Länge einer Geodätischen nach den lokalen Koordinaten der Randpunkte folgern könnte. Dafür haben wir bis auf wenige Ausnahmen die herangezogenen Sätze im Texte oder in den Anmerkungen in einer unseren Zwecken angemessenen Form selbst bewiesen, z. B. die Existenz der Elementarlängen.

Bei Herstellung einiger Figuren hat Herr H. FISCHER geholfen. Für Korrekturlesen sind wir den folgenden Herren verpflichtet: W. BLASCHKE, C. CARATHÉODORY, W. HANTZSCHE, H. KNESER, W. MAAK, W. MAGNUS, M. MORSE, H. WENDT.

H. Seifert. **W. Threlfall**

Inhalt.

Kleine hochgestellte Ziffern verweisen auf die Anmerkungen am Ende des Buches

Einleitung.

Die Variationsrechnung im Kleinen hat es mit der unmittelbaren Umgebung einer Extremalen zu tun. Eine ihrer Aufgaben ist es z. B., notwendige und hinreichende Bedingungen dafür aufzustellen, daß die Extremale im Vergleiche mit gewissen Nachbarkurven ein Minimum liefert. Die Variationsrechnung im Großen betrachtet die ganze Mannigfaltigkeit $\mathfrak{M}$, auf der das Variationsproblem gegeben ist. Man nehme z. B. eine mit einer Riemannschen Metrik versehene Fläche $\mathfrak{M}$ vom Zusammenhange der Kugelfläche. Dann wird nach allen Geodätischen gefragt, die zwei feste Punkte A und B verbinden.

Der Gedanke von MORSE, der zur Lösung dieses und anderer Probleme der Variationsrechnung im Großen führt, ist nun der: man betrachtet die sämtlichen stückweise glatten Kurven, die sich in $\mathfrak{M}$ von A nach B ziehen lassen (§ 12). Diese bilden bei geeigneter Festsetzung der Entfernung zweier Kurven (§ 13) einen metrischen Raum, den Funktionalraum Ω des Variationsproblems. Die Länge dieser Kurven stellt eine stetige Funktion J auf Ω dar. Den geodätischen Kurven von $\mathfrak{M}$ entsprechen solche Punkte von Ω, in denen J einen „stationären" Wert hat (§ 14). Man gelangt so zu der Aufgabe: in einem metrischen Raume Ω ist eine stetige Funktion J gegeben; es sind die stationären Punkte dieser Funktion zu definieren, und ihre Art und Zahl ist mit der topologischen Struktur von Ω in Zusammenhang zu bringen.

Daß ein solcher Zusammenhang besteht, ist nicht ganz fernliegend. In besonders einfachen Fällen ist er schon lange bekannt; dann nämlich, wenn der metrische Raum Ω eine geschlossene Fläche vom Geschlechte (Henkelzahl) h ist und J eine zweimal stetig differenzierbare Funktion darauf. Unter den stationären Punkten von J werden dann solche verstanden, in denen die ersten partiellen Ableitungen nach den lokalen Koordinaten alle verschwinden.

Bleiben wir zunächst bei den Flächen stehen. Wir vereinfachen unser Problem weiter durch die Annahme, daß die stationären Punkte nichtausgeartet sind (§ 8), das heißt, die quadratische Form, die von den quadratischen Gliedern der Taylor-Entwicklung von J nach den lokalen Koordinaten gebildet wird, ist nicht ausgeartet. Je nach dem möglichen Trägheitsindex lassen sich dann im Falle der (zweidimensionalen) Flächen drei Arten stationärer Punkte unterscheiden. Sind x_1, x_2 die lokalen Koordinaten im stationären Punkte, der ihr Nullpunkt sei, und ist die quadratische Form auf die Normalform gebracht, so lauten die drei Fälle:

Trägheitsindex	Quadratische Form	Art des stationären Punktes	Anzahl der stationären Punkte
$i=0$	$x_1^2+x_2^2$	Minimum	M^0
$i=1$	$-x_1^2+x_2^2$	Sattelpunkt	M^1
$i=2$	$-x_1^2-x_2^2$	Maximum	M^2

Die drei hier eingeführten Anzahlen M^0, M^1, M^2 sind nun nicht unabhängig voneinander.*) Zwischen ihnen und der Eulerschen Charakteristik $N=2h-2$ der Fläche besteht die *Kroneckersche Formel*

$$(1) \qquad -M^0+M^1-M^2=N\,(=2h-2).$$

Nun wissen wir, es ist $M^0 \geqq 1$ und $M^2 \geqq 1$, denn es gibt mindestens ein Minimum und ein Maximum auf der geschlossenen Fläche. Die Kroneckersche Formel lehrt daher $M^1 \geqq 2h$: es gibt mindestens $2h$ Sattelpunkte. Wir merken daher die Ungleichungen an

$$(2) \qquad M^0 \geqq 1, \quad M^1 \geqq 2h, \quad M^2 \geqq 1.$$

Wir machen uns die Verhältnisse an der Rotationsringfläche klar (Fig. 1). Die Rotationsachse sei die x-Achse, und die zweimal stetig differenzierbare Funktion darauf sei $J=z$, also die Höhe über der xy-Ebene. Dann gibt es den vier horizontalen Tangentialebenen entsprechend vier stationäre Punkte: Minimum, unteren Sattelpunkt, oberen Sattelpunkt, Maximum. J mag in ihnen die Werte γ_1, γ_2, γ_3, γ_4 annehmen. Die stationären Punkte sind hier alle nichtausgeartet. Die Henkelzahl der Ringfläche ist $h=1$. Es gelten in der Tat die drei Beziehungen (2), und zwar mit den Gleichheitszeichen.

Man ersieht aus diesen Ungleichungen, daß in dem einfachen Falle der geschlossenen Flächen durch die topologische Struktur des metrischen Raumes Ω untere Schranken für die Anzahlen der stationären Punkte gegeben sind. Diese Ungleichungen sind es nun, die wir auf beliebige metrische Räume übertragen wollen. Wir bleiben zunächst bei den Flächen und bringen die Ungleichungen da auf eine der Verallgemeinerung fähige Form.

Zu dem Zwecke erinnern wir uns der ähnlich wie die Kroneckersche Formel (1) lautenden Gleichung zwischen den Zusammenhangszahlen R^k der Dimension k unserer Fläche Ω und der Eulerschen Charakteristik

$$(3) \qquad -R^0+R^1-R^2=N.$$

Unter der k-ten Zusammenhangszahl R^k versteht man dabei bekanntlich die Maximalzahl der homolog unabhängigen k-dimensionalen Zykeln in Ω

*) Die oberen Indizes sind hier und im folgenden im allgemeinen nicht Exponenten, sondern beziehen sich auf die Dimension.

(§ 2). Ohne auf eine genaue Erklärung der homolog unabhängigen Zykeln an dieser Stelle einzugehen, wollen wir nur soviel bemerken, daß zu den 1-dimensionalen Zykeln geschlossene Kurven und Systeme von solchen gehören, zu den 2-dimensionalen geschlossene Flächen und daß ein k-dimensionaler Zykel ($k > 0$) jedenfalls dann homolog null oder „nicht homolog unabhängig" ist, wenn man ihn auf Ω in einen Punkt zusammenziehen kann. Ferner sind zwei k-dimensionale Zykeln jedenfalls dann homolog abhängig, wenn man sie auf Ω ineinander deformieren kann, allgemeiner, wenn sie ein $(k+1)$-dimensionales Stück von Ω beranden. So ist auf der Fläche vom Geschlechte h die 0-te Zusammenhangszahl $R^0 = 1$: es gibt einen einzigen homolog unabhängigen 0-dimensionalen Zykel, der aus einem einzigen Punkte von Ω besteht; jeder andere Punkt ist in diesen deformierbar. — Die erste Zusammenhangszahl der Fläche vom Geschlechte h ist $R^1 = 2h$; als homolog unabhängige 1-dimensionale Zykeln kann man die $2h$ Rückkehrschnitte einer kanonischen Zerschneidung der Fläche benutzen. Schließlich ist $R^2 = 1$: der einzige vorhandene 2-dimensionale Zykel ist die ganze Fläche selbst. Er ist homolog unabhängig, da er auf der Fläche kein 3-dimensionales Stück berandet.

Aus (2) folgen daher die Morseschen Ungleichungen

$$M^k \geqq R^k \qquad (k = 0, 1, 2). \tag{4}$$

Wir haben diese Ungleichungen, etwas künstlich, aus der Kroneckerschen Formel abgeleitet. Wir wollen sie jetzt ohne Berufung auf die Kroneckersche Formel bestätigen. Dabei wird sich zugleich zeigen, wie ihre linken Seiten M^k, also Art und Zahl der stationären Punkte in allgemeineren Fällen als den Flächen topologisch zu erklären sind. Die rechten Seiten R^k, die Zusammenhangszahlen, sind bereits topologische Invarianten, die für beliebige metrische Räume ebenso wie für die Flächen erklärbar sind.

Zur Orientierung diene wieder die Ringfläche. Wir betrachten auf ihr einen 1-dimensionalen Zykel, der nicht nullhomolog ist, sich also insbesondere nicht auf einen Punkt zusammenziehen läßt, z. B. einen Meridiankreis $\mathfrak{Z}^1$ (Fig. 1). Auf jedem zu ihm homologen Zykel, insbesondere also auf jedem, der durch Deformation aus ihm hervorgeht, betrachten wir das Maximum der Funktion J. Wir wählen unter diesen Zykeln einen aus, für den das Maximum

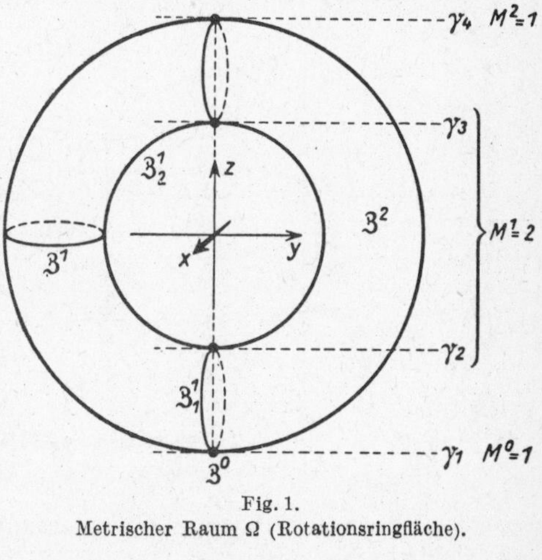

Fig. 1.
Metrischer Raum Ω (Rotationsringfläche).

möglichst klein wird, z. B. den Meridiankreis $\mathfrak{Z}_1^1$ der Fig. 1. Dieser Zykel ist nicht homolog einem tiefer gelegenen. Wir bezeichnen ihn deshalb als einen Minimalzykel (§ 5).

Nun ist es klar, daß ein Minimalzykel immer durch einen stationären Punkt hindurchgeht. Die Fallinien von J (§ 9) bilden nämlich in der Umgebung jedes nichtstationären Punktes eine „Parallelfaserung" auf der Fläche. Ein 1-dimensionaler Zykel, der keinen stationären Punkt enthält, kann also längs der Fallinien in einen noch tiefer liegenden deformiert werden und ist daher kein Minimalzykel. Genauer sieht man, daß ein 1-dimensionaler Minimalzykel an einem Sattelpunkte hängen bleibt, da man ihn von einem Maximalpunkt offenbar herunterziehen kann und ein Minimalpunkt von J als Maximalpunkt eines nicht nullhomologen 1-dimensionalen Zykels nicht in Frage kommt.

So geht z. B. der Minimalzykel $\mathfrak{Z}_1^1$ der Meridiankreise durch den unteren Sattelpunkt. Die Breitenkreise bleiben dagegen am oberen Sattelpunkte hängen. Der einzige vorhandene 2-dimensionale Zykel hängt am Maximalpunkte von J. Jeden 0-dimensionalen Zykel dagegen (jeden Punkt z. B.) kann man bis zum absoluten Minimum hinunterdeformieren.

Man sieht also, daß man jedem der homolog unabhängigen Zykeln der Ringfläche einen stationären Punkt zuordnen kann, an dem er hängen bleibt, und zwar bleibt ein Zykel der Dimension k an einem stationären Punkte vom Trägheitsindex k hängen. Daraus folgen aber in unserem Beispiele gerade die Ungleichungen $M^k \geqq R^k$ (§ 5). Denn M^k war die Anzahl der stationären Punkte vom Trägheitsindex k und R^k die Anzahl der homolog unabhängigen k-dimensionalen Zykeln auf Ω.

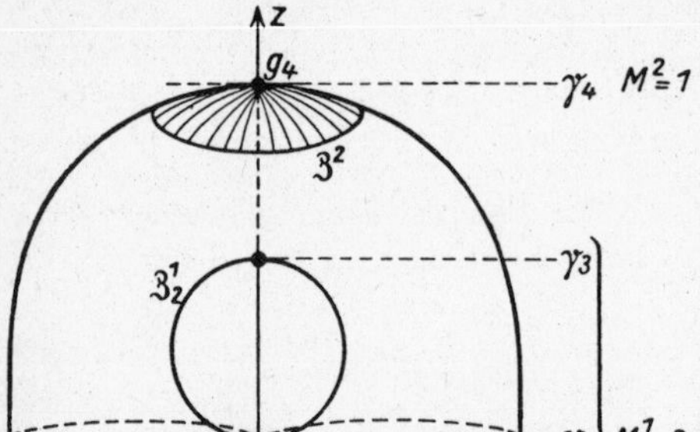

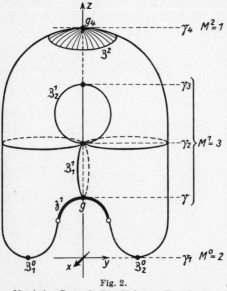

Fig. 2.
Metrischer Raum Ω (Ringfläche mit Fortsätzen).

J kann nun mehrere Minima und Maxima haben, wodurch sich nach der Kroneckerschen Formel auch die Anzahl der Sattelpunkte erhöht. Ein Beispiel dafür erhalten wir, wenn wir an der Ringfläche zwei Fortsätze anbringen (Fig. 2). Dadurch erhöhen sich die Anzahlen M^k; die Zusammenhangszahlen R^k dagegen bleiben ungeändert, weil die Ringfläche mit Fortsätzen der Ringfläche ohne Fortsätze homöomorph ist. In dem neuauftretenden Sattelpunkte g des J-Wertes γ bleibt dann kein 1-dimensionaler Zykel hängen.

Die anschauliche Bedeutung der Ungleichungen $M^k \geqq R^k$ ist damit unabhängig von der Kroneckerschen Formel dargelegt. Auf Grund dieser anschaulichen Ableitung werden wir jetzt die Zahlen M^k durch verallgemeinerungsfähige topologische Invarianten ausdrücken. In einem beliebigen metrischen Raume kann man nämlich zwar von einer stetigen, nicht aber von einer differenzierbaren Funktion J reden. Unsere bisherige Definition der stationären Punkte und ihre Einteilung nach dem Trägheitsindex würde also hinfällig werden. Es liegt da nahe, das, was bisher eine Folgerung aus der analytischen Definition war, nämlich das Hängenbleiben der Minimalzykeln, zur topologischen Definition der stationären Punkte zu erheben.

Freilich würde man jetzt nicht alle stationären Punkte erfassen, wenn man verlangen wollte, daß in ihnen ein ganzer Zykel hängen bleibt, z. B. nicht den tiefsten Sattelpunkt g der Ringfläche mit Fortsätzen (Fig. 2). Da die Eigenschaft eines Punktes, stationär zu sein, eine Eigenschaft im Kleinen ist, muß man sich auf genügend kleine Stücke von Zykeln beschränken. Über den tiefsten Sattelpunkt g z. B. kann man ein kleines Stück eines 1-dimensionalen Zykels, wofür wir auch sagen: eine 1-Kette, hängen lassen, die bis auf ihren höchsten Punkt g ganz unterhalb des J-Wertes γ von g liegt (in Fig. 2 stark ausgezogen). Das drücken wir auch so aus: die 1-Kette liegt in der Punktmenge $\{J<\gamma\}+g$ und ihr Rand in $\{J<\gamma\}$. Man bezeichnet in der Topologie eine solche 1-Kette als einen relativen 1-dimensionalen Zykel der Punktmenge $\{J<\gamma\}+g$ mod $\{J<\gamma\}$ (§ 3). Die Bezeichnung ist mit dem mathematischen Sprachgebrauche im Einklang: der relative Zykel ist nur bestimmt bis auf Teile, die ganz unterhalb γ liegen.

Nun kann man diese 1-Kette bei Festhaltung ihrer Randpunkte nicht in eine deformieren, die ganz unterhalb γ liegt. Es gibt überhaupt keine zu dieser 1-Kette homologe 1-Kette auf $\{J<\gamma\}$. Diese Tatsache drückt man dadurch aus, daß man den relativen 1-Zykel als nicht nullhomolog mod $\{J<\gamma\}$ bezeichnet.

Entsprechendes gilt für das Maximum. Ein relativer 1-dimensionaler Zykel ist da ein Kurvenbogen, der durch den Maximalpunkt hindurchgeht. Er ist jetzt aber, auch bei Festhaltung der Randpunkte, in einen unterhalb des Maximalwertes gelegenen deformierbar, also nullhomolog mod $\{J<\gamma_4\}$. Dafür ist jetzt ein Flächenstück, das den Maximalpunkt g_4 im Innern enthält — etwa das schraffierte der Fig. 2 —, ein relativer 2-dimensionaler Zykel von $\{J<\gamma_4\}+g_4$, der nicht nullhomolog mod $\{J<\gamma_4\}$ ist. — In einem Minimalpunkte schließlich gibt es nur einen relativen 0-dimensionalen Zykel: den Minimalpunkt selbst, und dieser ist nicht nullhomolog.

Wir haben damit die verschiedenen Arten stationärer Punkte durch topologische Eigenschaften unterschieden. Allgemein gibt es zu einem nichtausgearteten stationären Punkte vom Trägheitsindex i einen relativen, homolog unabhängigen Zykel der Dimension i. Wir können nun den auf Differenzierbarkeit von J beruhenden Trägheitsindex eines stationären Punktes durch die topologisch zu definierenden Typenzahlen der Dimensionen 0, 1, 2, ... ersetzen: Die k-te Typenzahl m^k des stationären Punktes g, in dem der J-Wert γ sei, ist die Maximalzahl der homolog unabhängigen relativen k-dimensionalen Zykeln von $\{J < \gamma\} + g$ mod $\{J < \gamma\}$.

So sind z. B. die Typenzahlen eines Sattelpunktes ($i = 1$) $m^1 = 1$, alle übrigen $= 0$. Denn es gibt genau einen homolog unabhängigen relativen 1-dimensionalen Zykel, aber keinen 0-dimensionalen und keinen 2-dimensionalen auf $\{J < \gamma\} + g$, der nicht nullhomolog mod $\{J < \gamma\}$ wäre. Erst recht gibt es keinen nicht nullhomologen, relativen Zykel von mehr als zwei Dimensionen; es sind daher alle höheren Typenzahlen ebenfalls $= 0$. — Die Zahl M^k, für die die Ungleichung $M^k \geqq R^k$ gilt, ist dann die Summe aller k-ten Typenzahlen, erstreckt über alle stationären Punkte:

$$M^k = \sum_\nu m_\nu{}^k.$$

Wir bemerken zunächst, daß die topologische Klassifizierung der stationären Punkte durch die Typenzahlen nicht über die durch den Trägheitsindex hinausgeht, solange es sich um nichtausgeartete stationäre Punkte einer zweimal stetig differenzierbaren Funktion J auf einer Mannigfaltigkeit handelt. Denn alsdann sind die Typenzahlen m^k durch den Trägheitsindex i nach der Formel

$$m^k = \delta_i{}^k$$

bestimmt (§ 8). Die topologische Definition der Typenzahlen bleibt aber in den drei folgenden Fällen bestehen, in denen die analytische Methode versagt:

I. Wenn der stationäre Punkt ausgeartet ist. Man weiß, wie verwickelt die Vorkommnisse selbst bei einer analytischen Funktion J in der Umgebung eines stationären Punktes sein können, wenn man über die Koeffizienten, mit denen die Entwicklung beginnt, keine Voraussetzungen macht. Ein einfaches Beispiel eines ausgearteten stationären Punktes liefert der Affensattel,[37] der bekanntlich im Rückenteil einen Ausschnitt für den Affenschwanz hat, ein Sattelpunkt also, in den drei Täler einmünden; seine erste Typenzahl ist $m^1 = 2$. — Als ein bedeutsames Ergebnis, das mit Hilfe der Typenzahlen gewonnen wird, sei hier das genaue Analogon der Kroneckerschen Formel für eine zweimal stetig differenzierbare Funktion J auf einer n-dimensionalen geschlossenen Mannigfaltigkeit Ω erwähnt, die Morseschen Formeln. Wir behandeln sie im Anhange.

II. Wenn die stationären Punkte nicht isoliert sind. Betrachten wir z. B. die Einheitskugelfläche des xyz-Raumes und auf ihr die Funktion $J = z^2$. Sie hat für $z = 0$, also in der xy-Ebene, ein absolutes Minimum. Der ganze Äquatorkreis ist daher stationär. Die Typenzahlen lassen sich im Bedarfsfalle auf solche stationäre Mengen übertragen.

III. Die topologische Einführung der Typenzahlen macht die Untersuchung der stationären Punkte in beliebigen metrischen Räumen allererst möglich. Mit Hilfe der Typenzahlen gelingt es, die Anzahlen der Geodätischen bei Variationsproblemen im Großen abzuschätzen. Wie die Abschätzung zu geschehen hat, darüber wollen wir uns jetzt einen Überblick verschaffen.

Wir kehren zu dem eingangs erwähnten Funktionalraume des gegebenen Variationsproblemes zurück, also zu dem metrischen Raume Ω aller stückweise glatten Kurven zwischen zwei festen Punkten A und B unserer mit einer Riemannschen Metrik versehenen Mannigfaltigkeit $\mathfrak{M}$. Die Länge dieser Kurven von $\mathfrak{M}$ ist eine stetige Funktion J auf Ω. Wir wollen nun unter den stationären Punkten von J auf Ω die verstehen, die Geodätischen von A nach B entsprechen. Zur Definition der stationären Punkte benutzen wir also die Typenzahlen hier nicht, wohl aber zur Klassifizierung (§ 14). Wir setzen voraus, daß es von A nach B auf $\mathfrak{M}$ nur endlich viele Geodätische von beschränkter Länge gibt.

Betrachten wir eine bestimmte Geodätische g von diesen und bezeichnen wir mit g auch den ihr entsprechenden Punkt von Ω! Sei $J = \gamma$ die Länge von g. Dann können wir in Ω die relativen k-dimensionalen Zykeln der Punktmenge $\{J < \gamma\} + g$ mod $\{J < \gamma\}$ aufsuchen. Die maximale Anzahl homolog unabhängiger unter ihnen heißt die k-te Typenzahl m^k der Geodätischen g.

Bezeichnet man nun wieder mit M^k die Summe aller k-ten Typenzahlen m^k, erstreckt über alle Geodätischen von A nach B, so gilt auch in dem Funktionalraume Ω die Ungleichung

$$M^k \geqq R^k.$$

Ferner gilt der Endlichkeitssatz (II, § 14 S. 54), wonach jede Geodätische nur einen endlichen Beitrag zu M^k liefert. Genauer: Die Typenzahlen einer isolierten Geodätischen sind alle endlich, und nur endlich viele sind von Null verschieden.

Damit hat man aber unter Umständen eine Abschätzung für die Anzahl der geodätischen Verbindungslinien gewonnen, nämlich dann, wenn der Funktionalraum unendlich hohen Zusammenhang hat (§ 19), d. h. wenn die Summe der Zusammenhangszahlen aller Dimensionen unendlich ist. Dann muß es notwendig unendlich viele Geodätische geben.

Es kommt also schließlich darauf an, die Zusammenhangszahlen des Funktionalraumes Ω unseres Variationsproblemes zu bestimmen. Ein allgemeines Verfahren dafür gibt es nicht. Dagegen gelingt die Bestimmung bisweilen mit Hilfe des Satzes, daß die Zusammenhangszahlen unabhängig von der Riemannschen Metrik auf $\mathfrak{M}$ und der Lage der Randpunkte A, B sind (§ 21). Man kann also die Metrik und die Randpunkte bequem wählen. Die Zusammenhangszahlen werden dann nicht direkt bestimmt, sondern man vergewissert sich, daß bei der speziellen Wahl eine gewisse Bedingung (§ 6) dafür erfüllt ist, daß in der Ungleichung $M^k \geqq R^k$ das Gleichheitszeichen gilt, und bestimmt R^k durch die ermittelbaren Typenzahlen des speziellen Variationsproblemes (§ 15).

Die Abschätzung der Anzahl der Geodätischen erfordert daher den Beweis der Ungleichungen $M^k \geqq R^k$ (§ 5), den Endlichkeitssatz (§ 14) und die Ermittlung der Zusammenhangszahlen R^k. Wir werden unsere Untersuchungen mit den Ungleichungen $M^k \geqq R^k$ beginnen, die wir unter sehr allgemeinen Voraussetzungen beweisen.

Da wir dabei über die Art der stationären Punkte keinerlei Voraussetzungen machen und noch gar nicht darauf Bezug nehmen, daß wir später die Punkte des Funktionalraumes Ω, die Geodätischen entsprechen, als stationäre einführen werden, so gehen wir etwas anders vor als bei dem zuvor an der Ringfläche erläuterten Beweise der Ungleichungen. Wir führen zunächst gar nicht Typenzahlen stationärer Punkte von Ω ein, sondern Typenzahlen kritischer Werte der Funktion J. Den Zusammenhang zwischen kritischen Werten und stationären Punkten werden wir erst in § 17 aufdecken.

I. Kapitel.

Zusammenhangszahlen und Typenzahlen.

§ 1. Umgebungsraum und stetige Abbildung.

Wir erinnern an die topologischen Hilfsmittel, soweit sie für die Variationsrechnung im Großen wesentlich sind.[1]

1. Ein *Umgebungsraum* Ω ist eine Menge von Elementen, *Punkte* genannt, in der zu jedem Punkte p *Umgebungen*

$$\mathfrak{U}(p \mid \Omega)$$

definiert sind. Die Umgebungen sind Teilmengen von Ω, die den folgenden beiden Axiomen genügen:

a) Jede Umgebung von p enthält den Punkt p.

b) Mit jeder Umgebung von p ist auch jede sie enthaltende Menge Umgebung von p.

2. Diese Festsetzungen genügen, um auf Ω eine *stetige Funktion* J zu definieren: Die reelle Funktion $J(p)$ ist stetig im Punkte p von Ω, wenn es zu jedem positiven ε eine Umgebung von p gibt, in der J um weniger als ε von $J(p)$ abweicht. Die Funktion ist stetig auf ganz Ω, wenn sie in jedem Punkte stetig ist.

3. Ist Ω_1 ein zweiter Umgebungsraum und ist jedem Punkte von Ω ein Punkt von Ω_1 zugeordnet (aber nicht notwendig umgekehrt), so heißt diese Abbildung von Ω in Ω_1 stetig in einem Punkte p von Ω, wenn es zu jeder vorgegebenen Umgebung $\mathfrak{U}(p_1 \mid \Omega_1)$ des Bildpunktes p_1 in Ω_1 eine Umgebung $\mathfrak{U}(p \mid \Omega)$ gibt, deren Bild zu $\mathfrak{U}(p_1 \mid \Omega_1)$ gehört. Ist die Abbildung stetig in jedem Punkte von Ω, so heißt sie eine *stetige Abbildung von* Ω *in* Ω_1.

4. Eine stetige Funktion läßt sich hiernach als eine stetige Abbildung von Ω in die Zahlengerade, die ein besonderer Umgebungsraum ist, auffassen. — Diesen Funktionsbegriff müssen wir auf andere Umgebungsräume als die Zahlengerade und auf mehrere unabhängige veränderliche Punkte verallgemeinern. Seien r Umgebungsräume $\Omega_1, \ldots, \Omega_r$ gegeben und sei $p_1, \ldots, p_r$ ein System variabler Punkte auf ihnen. Gewissen solchen „Argumentsystemen" $p_1, \ldots, p_r$ lassen wir je einen Punkt y eines Umgebungsraumes Υ entsprechen. Wir nennen dann y eine Funktion von $p_1, \ldots, p_r$:

$$y = f(p_1, \ldots, p_r).$$

Die Funktion ist stetig für das Argumentsystem $p_1, \ldots, p_r$, wenn es zu jeder Umgebung $\mathfrak{U}(y \mid \Upsilon)$ Umgebungen $\mathfrak{U}(p_1 \mid \Omega_1), \ldots, \mathfrak{U}(p_r \mid \Omega_r)$ von der Art gibt, daß für jede Wahl eines Systems $p_1', \ldots, p_r'$ aus diesen Umgebungen, für das f überhaupt definiert ist, $f(p_1', \ldots, p_r')$ in $\mathfrak{U}(y \mid \Upsilon)$ liegt. — Wenn die Funktion $f(p_1, \ldots, p_r)$ für jedes Argumentsystem, für das sie definiert ist, stetig ist, so sagen wir auch, daß der *Punkt y stetig von den Punkten $p_1, \ldots, p_r$ abhängt.* — Später werden wir es z. B. mit gewissen Kurven einer Mannigfaltigkeit $\mathfrak{M}^n$ zu tun haben, die die „Punkte" eines Funktionalraumes Ω bilden und der Funktion y entsprechen werden, während die Argumente die Randpunkte der Kurven sind, die auf $\mathfrak{M}^n$ variieren.

5. Eine Abbildung heißt *topologisch*, wenn sie umkehrbar eindeutig und umkehrbar stetig ist. Zwei topologisch aufeinander abbildbare Umgebungsräume heißen *homöomorph*.

6. Eine beliebige Teilmenge Z eines Umgebungsraumes Ω ist selbst ein Umgebungsraum, da man als Umgebung $\mathfrak{U}(p \mid Z)$ eines Punktes p von Z in bezug auf Z den Durchschnitt einer Umgebung $\mathfrak{U}(p \mid \Omega)$ mit Z (und folglich jede diese Umgebung umfassende Teilmenge von Z) erklärt.

7. Im III. Kapitel werden wir es mit besonderen Umgebungsräumen, mit metrischen Räumen zu tun haben. Eine Menge von „Punkten" heißt ein *metrischer Raum*, wenn zwischen je zwei Punkten a und b eine nichtnegative *Entfernung* $\varrho(a, b)$ definiert ist, die den folgenden Axiomen genügt:

a) Identitätsaxiom: $\varrho(a, b) = 0$ dann und nur dann, wenn $a = b$;

b) Symmetrieaxiom: $\varrho(a, b) = \varrho(b, a)$;

c) Dreiecksaxiom: $\varrho(a, b) + \varrho(b, c) \geqq \varrho(a, c)$.

Ein metrischer Raum Ω wird zu einem Umgebungsraum durch die Festsetzung, daß eine Punktmenge dann und nur dann Umgebung eines Punktes p ist, wenn es ein positives ε von der Art gibt, daß jedenfalls alle Punkte zu ihr gehören, die um weniger als ε von p entfernt sind. Insbesondere nennt man die Menge der Punkte q, für die $\varrho(p, q) < \varepsilon$ ist, eine *sphärische Umgebung* von p, genauer die (offene) *ε-Umgebung* von p. Wir bezeichnen sie mit

$$\mathfrak{U}_\varepsilon(p \mid \Omega).$$

Jede Teilmenge eines metrischen Raumes ist offenbar wieder ein metrischer Raum.

8. Die einfachsten Beispiele metrischer Räume sind der n-dimensionale euklidische Raum $\mathfrak{R}^n$ und seine Teilmengen, z. B. Kurven und Flächen. Im $\mathfrak{R}^n$ versteht man unter der Entfernung zweier Punkte mit den kartesischen Koordinaten $a_1, \ldots, a_n$ und $b_1, \ldots, b_n$ die Zahl

$$+\sqrt{(a_1 - b_1)^2 + \cdots + (a_n - b_n)^2}.$$

Wir werden indessen im III. Kapitel auch metrische Räume zu betrachten haben, die nicht homöomorph Teilmengen des euklidischen Raumes sind, z. B. solche, deren „Punkte" Kurven auf Mannigfaltigkeiten sind. Sie entfernen sich erheblich von Räumen unserer Anschauung, z. B. sind sie nicht im Kleinen kompakt, das heißt, es gibt in jeder noch so kleinen Umgebung eines Punktes unendliche Punktmengen ohne Häufungspunkt.

9. Wir wollen jetzt für eine Teilmenge Z eines Umgebungsraumes Ω eine *Deformation* erklären. Jedem Punkte p von Z und jeder Zahl τ des Einheitsintervalles $\mathfrak{t}$

$$0 \leqq \tau \leqq 1 \qquad (\mathfrak{t})$$

sei ein Punkt p_τ von Ω zugeordnet; es sei $p_0 = p$, und der Punkt p_τ hänge stetig von p und τ ab im Sinne von Absatz **4.** Zu jeder Umgebung $\mathfrak{U}(p_\tau \mid \Omega)$ gibt es also eine Umgebung $\mathfrak{U}(p \mid \Omega)$ und eine Umgebung $\mathfrak{U}(\tau \mid \mathfrak{t})$ von der Art, daß $p'_{\tau'}$ zu $\mathfrak{U}(p_\tau \mid \Omega)$ gehört, falls p' in $\mathfrak{U}(p \mid \Omega)$ (und natürlich in Z) und τ' in $\mathfrak{U}(\tau \mid \mathfrak{t})$ liegt.

Ξ sei die Menge aller Punkte p_τ (p in Z, τ in $\mathfrak{t}$) und Z_1 die Menge der Punkte p_1. Dann sagen wir, daß Z *auf der Menge* Ξ *(und erst recht auf jeder* Ξ *umfassenden Menge) in* Z_1 *deformiert* wird. Für jedes τ ist durch die Zuordnung

$$p \rightarrow p_\tau$$

eine stetige Abbildung der Punktmenge Z, die als Teilmenge von Ω selbst ein Umgebungsraum ist, in Ω erklärt. τ heißt der *Parameter der Deformation.* Im Bedarfsfalle lassen wir ihn auch ein anderes abgeschlossenes Intervall als das von 0 bis 1 durchlaufen.

Ist Ω insbesondere ein metrischer Raum, so läßt sich die stetige Abhängigkeit des Punktes p_τ von p und τ zweckmäßig auch folgendermaßen erklären: Ist $p', p'', \ldots$ eine nach p konvergierende Folge von Punkten von Z und $\tau', \tau'', \ldots$ eine nach τ konvergierende Folge von τ-Werten, so konvergiert stets die Folge $p'_{\tau'}, p''_{\tau''}, \ldots$ nach p_τ.

10. Ferner gilt in einem metrischen Raume der Satz, daß zwei Deformationen nacheinander ausgeführt wieder eine Deformation ergeben. Genauer: Ist

$$p \rightarrow p_\tau \qquad (p \text{ in } \mathsf{Z},\ 0 \leqq \tau \leqq 1) \tag{1}$$

eine Deformation von Z in Z_1 und

$$p_1 \rightarrow (p_1)_\sigma \qquad (p_1 \text{ in } \mathsf{Z}_1,\ 0 \leqq \sigma \leqq 1) \tag{2}$$

eine Deformation von Z_1 in eine gewisse Punktmenge Z_2, so ist durch die Zuordnung

$$\left.\begin{aligned} p &\rightarrow p_\tau & (0 \leqq \tau \leqq 1) \\ p &\rightarrow p_\tau = (p_1)_{\tau-1} & (1 \leqq \tau \leqq 2) \end{aligned}\right\} \quad (p \text{ in } \mathsf{Z}) \tag{3}$$

eine Deformation von Z in Z_2 gegeben, bei der der Deformationsparameter τ von 0 bis 2 läuft.[2]

11. Auch vom folgenden Satze werden wir Gebrauch machen: Sind Z' und Z'' abgeschlossene Teilmengen eines metrischen Raumes Ω und ist

$$p' \to p_\tau' \qquad (p' \text{ in } Z',\ 0 \leqq \tau \leqq 1) \tag{4}$$

eine Deformation von Z' und

$$p'' \to p_\tau'' \qquad (p'' \text{ in } Z'',\ 0 \leqq \tau \leqq 1) \tag{5}$$

eine Deformation von Z'' und ist für jeden Punkt $p' = p''$ des Durchschnittes $Z' \cap Z''$ und für alle τ

$$p_\tau' = p_\tau'',$$

so ist durch die Zuordnungen (4) und (5) eine Deformation der Vereinigungsmenge $Z' + Z''$ gegeben.[3]

12. Wir haben es später mit Umgebungsräumen zu tun, auf denen eine stetige Funktion J erklärt ist. Wenn dann für eine Teilmenge Z eine Deformation $p \to p_\tau$ gegeben ist und

$$J(p_{\tau_1}) \geqq J(p_{\tau_2})$$

für alle Punkte p von Z gilt, wenn nur

$$\tau_1 < \tau_2$$

ist, so sprechen wir von einer *J-Deformation* von Z. Bei einer J-Deformation nimmt also der J-Wert eines Punktes niemals zu. Ist beispielsweise der Umgebungsraum eine zweimal stetig differenzierbare Mannigfaltigkeit, auf der J eine zweimal stetig differenzierbare Funktion ist, so ist eine Deformation, bei der die Punkte auf den Fallinien (§ 9) von J absinken, eine J-Deformation.

§ 2. Absolute Zykeln und Zusammenhangszahlen von Ω.

Wir gehen dazu über, die Begriffe zu erklären, die Umgebungsräume topologisch zu unterscheiden gestatten. Da man die Umgebungsräume nicht unmittelbar behandeln kann, so ist das übliche topologische Verfahren dies, daß man wohlbekannte Gebilde in sie abbildet, und die Möglichkeiten, die sich dabei ergeben, untersucht.

1. Wir gehen von einem geradlinigen k-dimensionalen Simplex $\bar{\mathfrak{s}}^k$ aus; es ist die konvexe Hülle von $k+1$ linear unabhängigen Punkten des euklidischen Raumes $\mathfrak{R}^k$. Ein stetiges Bild $\mathfrak{s}^k$ dieses Simplexes in einem Umgebungsraume Ω heißt ein *singuläres k-Simplex*, $\bar{\mathfrak{s}}^k$ sein (geradliniges) *Urbildsimplex.* Obere Indizes bezeichnen die Dimension.

Zwei singuläre k-Simplexe heißen *gleich*, wenn ihre Urbilder sich so aufeinander affin abbilden lassen, daß ineinander abgebildete Punkte denselben Bildpunkt in Ω haben.

2. Ein singuläres k-Simplex $\mathfrak{s}^k$ heißt *ausgeartet*, wenn das Urbild sich so mit Umkehrung der Orientierung (ungerade Permutation der Ecken!) affin auf sich abbilden läßt, daß ineinander abgebildete Punkte denselben Bildpunkt in Ω haben. Z. B. erhält man ein ausgeartetes Simplex, wenn man das geradlinige Urbildsimplex zunächst auf ein euklidisches $(k-1)$-Simplex affin abbildet, indem man zwei seiner Ecken zusammenfallen läßt und dieses $(k-1)$-Simplex dann stetig in Ω abbildet.

3. Eine Menge von endlich vielen verschiedenen singulären k-Simplexen in Ω

$$\mathfrak{s}_1^k, \quad \ldots, \quad \mathfrak{s}_r^k$$

heißt eine *singuläre k-Kette* und wird mit

$$\mathfrak{X}^k = \mathfrak{s}_1^k + \cdots + \mathfrak{s}_r^k$$

bezeichnet. Es kommt hierbei weder auf die Orientierung noch auf die Reihenfolge der k-Simplexe an.[4]

4. Wir setzen fest, daß man ausgeartete Simplexe aus einer Kette fortlassen kann, ohne die Kette zu ändern. Die k-Kette, die aus null k-Simplexen besteht, heißt die *k-Kette* 0.

5. Die *Summe* zweier k-Ketten besteht aus allen singulären k-Simplexen, die in genau einer der beiden Ketten vorkommen. Ein Simplex, das in beiden Summanden vorkommt, tritt also in der Summe nicht mehr auf. Eine k-Kette läßt sich hiernach als eine Linearkombination von singulären k-Simplexen auffassen, deren Koeffizienten Restklassen mod 2 sind. *Zwischen Summe und Differenz zweier k-Ketten hat man hiernach nicht zu unterscheiden,* und das Doppelte jeder k-Kette ist die k-Kette 0.

6. Bei der Abbildung des Urbildsimplexes $\bar{\mathfrak{s}}^k$ auf $\mathfrak{s}^k$ gehen die $(k-1)$-dimensionalen Seitensimplexe von $\bar{\mathfrak{s}}^k$ in singuläre, unter Umständen ausgeartete $(k-1)$-Simplexe über, deren Summe eine bestimmte mit $\mathfrak{Rd}\,\mathfrak{s}^k$ bezeichnete singuläre $(k-1)$-Kette ist. Unter dem *Rande der Kette* $\mathfrak{X}^k$ wird die Summe der Ränder der einzelnen k-Simplexe verstanden:

$$\mathfrak{Rd}\,\mathfrak{X}^k = \mathfrak{Rd}\,\mathfrak{s}_1^k + \cdots + \mathfrak{Rd}\,\mathfrak{s}_r^k.$$

Die Summen- und Randdefinition ist so eingerichtet, daß der Rand der Summe gleich der Summe der Ränder ist. Diese Definition ist natürlich, denn setzt man etwa zwei 2-Simplexe (Dreiecke) längs einer Seite aneinander, so tritt in dem entstehenden Viereck die Seite zweimal auf; sie gehört aber nicht zum Rande des Vierecks.

7. Eine Kette $\mathfrak{Z}^k$, deren Rand die $(k-1)$-Kette 0 ist, in Formel

$$\mathfrak{Rd}\,\mathfrak{Z}^k = 0,$$

heißt *geschlossen* oder ein *k-Zykel.*

Die 0-Ketten betrachten wir definitionsgemäß alle als geschlossen. Sie bestehen aus endlich vielen 0-Simplexen oder Punkten von Ω.

8. Jede Randkette einer Kette ist geschlossen, da die Randkette eines einzelnen Simplexes geschlossen ist. Aber nicht notwendig gilt das Umgekehrte. Ist ein k-Zykel $\mathfrak{Z}^k$ Rand einer $(k+1)$-Kette $\mathfrak{X}^{k+1}$ von Ω, so heißt $\mathfrak{Z}^k$ *berandend* oder *nullhomolog*. In Formeln ist

$$\mathfrak{R}\mathfrak{d}\,\mathfrak{X}^{k+1} = \mathfrak{Z}^k \quad \text{gleichbedeutend mit } \mathfrak{Z}^k \sim 0.$$

Das Zeichen $\sim$ ist „homolog" zu lesen.

Wenn die in $\mathfrak{Z}^k$ eingespannte Kette $\mathfrak{X}^{k+1}$ (also natürlich auch $\mathfrak{Z}^k$) auf einer Teilmenge Z von Ω liegt, so schreiben wir

$$\mathfrak{Z}^k \sim 0 \text{ auf } \mathsf{Z}.$$

Allgemeiner heißen zwei k-Ketten $\mathfrak{X}^k$ und $\mathfrak{Y}^k$, die nicht notwendig Zykeln sind, sondern berandete Ketten sein können, einander *homolog*, wenn ihre Summe (oder, was mod 2 dasselbe ist, ihre Differenz) nullhomolog ist. Homologe Ketten stimmen hiernach notwendig im Rande überein.

9. r Zykeln $\mathfrak{Z}_1^k, \ldots, \mathfrak{Z}_r^k$, die auf einer Teilmenge Z von Ω liegen, heißen *homolog unabhängig auf* Z, wenn aus

$$\varepsilon_1 \mathfrak{Z}_1^k + \cdots + \varepsilon_r \mathfrak{Z}_r^k \sim 0 \quad \text{auf } \mathsf{Z}$$

($\varepsilon_\varrho = 0$ oder $= 1$) folgt $\varepsilon_1 = \cdots = \varepsilon_r = 0$.

Unter der *k-ten Zusammenhangszahl* R^k von Ω verstehen wir die Maximalzahl der homolog unabhängigen k-Zykeln in Ω. R^k kann auch unendlich sein.

Einfachste Beispiele.

1. Beispiel: Ein einzelner Punkt von Ω stellt ein 0-Simplex oder einen 0-Zykel dar. Da er für sich allein niemals Rand einer 1-Kette ist, so ist er nicht nullhomolog, und die nullte Zusammenhangszahl R^0 von Ω ist stets $\geqq 1$, es sei denn, daß Ω leer ist. — Allgemeiner sind zwei Punkte von Ω nur dann homolog, wenn sie durch eine Kurve (singuläres 1-Simplex) sich verbinden lassen. R^0 gibt also die Anzahl der zusammenhängenden isolierten Teilmengen an, in die Ω zerfällt, wenn man unter einer zusammenhängenden isolierten Teilmenge die Menge der Punkte versteht, die mit einem bestimmten Punkte durch eine Kurve verbindbar sind.

2. Beispiel: Ω sei die Kreislinie. Es ist $R^0 = 1$, weil Ω zusammenhängend ist, $R^1 = 1$, weil es einen einzigen homolog unabhängigen 1-Zykel gibt, die ganze in 1-Simplexe eingeteilte Kreislinie. Die zweimal genommene Kreislinie stellt die 1-Kette 0 dar, ist also nullhomolog. Die dreimal genommene Kreislinie ist daher homolog der einfachen. Alle höheren Zusammenhangszahlen sind $= 0$, da die Kreislinie nur 1-dimensional ist.[5]

3. Beispiel: Ringfläche. Man erhält die Ringfläche, wenn man in einem Rechtecke gegenüberliegende Seiten identifiziert.[6] Die vier Eckpunkte des Rechtecks werden dabei zu einem Punkte identifiziert, der ein nicht nullhomologer 0-Zykel $\mathfrak{Z}^0$ der Ringfläche ist; alle anderen 0-Zykeln sind ihm homolog (je zwei Punkte beranden zusammen das stetige Bild einer Strecke). — Die beiden Seitenpaare a und b (Fig. 3)

ergeben zwei nicht nullhomologe und nicht einander homologe 1-Zykeln $\mathfrak{Z}_1^1$ und $\mathfrak{Z}_2^1$ (Meridian- und Breitenkreis der als Rotationsringfläche in den Raum gelegten Ringfläche), während jeder andere 1-Zykel einer Linearkombination $\varepsilon_1 \mathfrak{Z}_1^1 + \varepsilon_2 \mathfrak{Z}_2^1$ homolog ist (ε_1 und $\varepsilon_2 = 0$ oder $= 1$).[7] Schließlich ist die ganze irgendwie triangulierte Ringfläche ein nicht nullhomologer 2-Zykel. Daher sind die Zusammenhangszahlen

$$R^0 = 1, \quad R^1 = 2, \quad R^2 = 1.$$

10. Im folgenden haben wir häufig Ketten und Zykeln auf Ω zu deformieren. Es sei $\mathfrak{X}^k$ eine k-Kette und $\mathfrak{R}\partial\mathfrak{X}^k = \mathfrak{X}^{k-1}$. Wir deformieren die Kette $\mathfrak{X}^k$ (das heißt die von $\mathfrak{X}^k$ überdeckte Punktmenge von Ω) in eine Kette $\mathfrak{X}_1^k$ mit $\mathfrak{R}\partial\mathfrak{X}_1^k = \mathfrak{X}_1^{k-1}$. Dann gibt es „Verbindungsketten" $\mathfrak{V}^{k+1}$ und $\mathfrak{V}^k$, die den Beziehungen genügen

$$\mathfrak{R}\partial\mathfrak{V}^k = \mathfrak{X}^{k-1} + \mathfrak{X}_1^{k-1},$$
$$\mathfrak{R}\partial\mathfrak{V}^{k+1} = \mathfrak{X}^k + \mathfrak{X}_1^k + \mathfrak{V}^k,$$

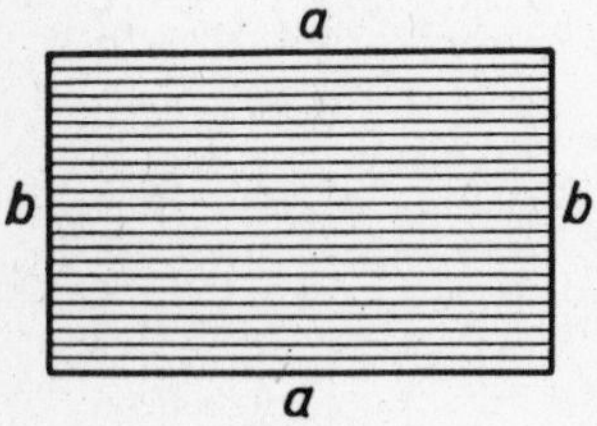

Fig. 3.

und zwar liegen $\mathfrak{V}^{k+1}$ bzw. $\mathfrak{V}^k$ auf der von $\mathfrak{X}^k$ bzw. $\mathfrak{X}^{k-1}$ bei der Deformation überstrichenen Punktmenge von Ω.[8] In der Figur 4 besteht $\mathfrak{X}^k$ aus einem 1-Simplexe, $\mathfrak{X}^{k-1}$ also aus zwei Punkten. Ist insbesondere $\mathfrak{X}^k$ ein Zykel, also $\mathfrak{X}^{k-1} = 0$, so ist auch $\mathfrak{V}^k = 0$. Dann wird also $\mathfrak{X}^k \sim \mathfrak{X}_1^k$. *Ein Zykel geht daher bei Deformation in einen homologen über.*

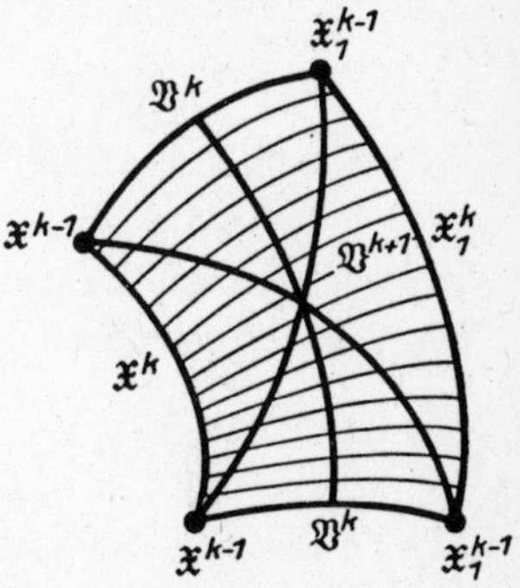

Fig. 4.
Deformation einer Kette.

11. Es ist bisweilen nötig, durch *Normalunterteilung* einer Kette zu einer neuen Kette mit kleineren Simplexen überzugehen. — Die (einfache) Normalunterteilung eines geradlinigen k-Simplexes $\bar{\mathfrak{s}}^k$ wird durch vollständige Induktion definiert. Die Normalunterteilung eines 0-Simplexes ist das 0-Simplex selbst. Hat man die Normalunterteilung eines geradlinigen $(k-1)$-Simplexes schon definiert, so erhält man die Normalunterteilung des k-Simplexes $\bar{\mathfrak{s}}^k$, indem man die normalunterteilten $(k-1)$-dimensionalen Seiten von $\bar{\mathfrak{s}}^k$ vom Mittelpunkte von $\bar{\mathfrak{s}}^k$ aus projiziert. Dadurch zerfällt $\bar{\mathfrak{s}}^k$ in $(k+1)!$ k-Simplexe. Die Figur 5 zeigt die zweifache Normalunterteilung eines geradlinigen 2-Simplexes $\bar{\mathfrak{s}}^2$. — Die Normalunterteilung eines singulären k-Simplexes $\mathfrak{s}^k$ wird erhalten, indem man sein Urbild $\bar{\mathfrak{s}}^k$ normalunterteilt und dann abbildet wie zuvor. Die Normalunterteilung von $\mathfrak{s}^k$ ist also eine aus $(k+1)!$ k-Simplexen

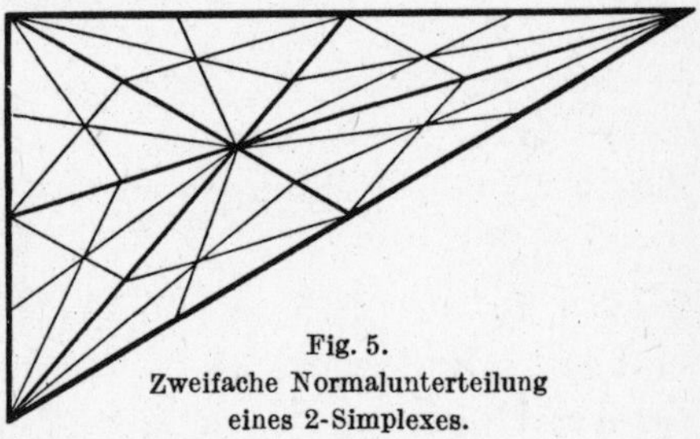
Fig. 5.
Zweifache Normalunterteilung eines 2-Simplexes.

bestehende k-Kette. Schließlich kann man die Normalunterteilung einer beliebigen k-Kette bilden, indem man alle k-Simplexe der k-Kette normalunterteilt.

Bezeichnet man die Normalunterteilung (die einfache oder auch eine mehrfache) der Kette $\mathfrak{X}^k$ mit $\dot{\mathfrak{X}}^k$ und setzt man $\mathfrak{R}\partial\mathfrak{X}^k = \mathfrak{X}^{k-1}$, so gilt

$$\mathfrak{R}\partial\dot{\mathfrak{X}}^k = \dot{\mathfrak{X}}^{k-1}.$$

Ferner gibt es auf den von $\mathfrak{X}^k$ bzw. $\mathfrak{X}^{k-1}$ überdeckten Punktmengen von Ω zwei Verbindungsketten $\mathfrak{V}^{k+1}$ und $\mathfrak{V}^k$ mit folgenden Eigenschaften:

$$\begin{aligned} \mathfrak{R}\partial\mathfrak{V}^k &= \mathfrak{X}^{k-1} + \dot{\mathfrak{X}}^{k-1}, \\ \mathfrak{R}\partial\mathfrak{V}^{k+1} &= \mathfrak{X}^k \quad + \dot{\mathfrak{X}}^k + \mathfrak{V}^k. \end{aligned}$$

Ist insbesondere $\mathfrak{X}^k$ ein Zykel, also $\mathfrak{X}^{k-1} = 0$, so ist auch $\mathfrak{V}^k = 0$ und folglich $\mathfrak{X}^k \sim \dot{\mathfrak{X}}^k$, und zwar gilt diese Homologie auf der von $\mathfrak{X}^k$ eingenommenen Punktmenge von Ω. *Durch Normalunterteilung eines Zykels erhält man also einen homologen Zykel.*

§ 3. Relative Zykeln.

1. Außer den im vorigen Paragraphen erklärten absoluten Zykeln benutzen wir im folgenden noch die von LEFSCHETZ in die Topologie eingeführten relativen Zykeln. Wir betrachten alle Ketten, die auf einer bestimmten Teilmenge H von Ω liegen. Ist dann Z eine Teilmenge von H, so sagen wir, daß eine Kette von H *gleich* 0 mod Z *ist, wenn sie ganz auf* Z *liegt.* Allgemeiner heißen zwei Ketten $\mathfrak{x}^k$ und $\mathfrak{y}^k$ einander gleich mod Z, wenn sie sich nur durch auf Z liegende singuläre k-Simplexe unterscheiden. In Formeln:

$$\mathfrak{x}^k = \mathfrak{y}^k \bmod \mathsf{Z}, \quad \text{wenn } \mathfrak{x}^k + \mathfrak{y}^k = 0 \bmod \mathsf{Z}.$$

Ferner sagen wir, daß eine Kette $\mathfrak{z}^k$ von H geschlossen mod Z oder ein Zykel mod Z ist, wenn

$$\mathfrak{R}\partial\mathfrak{z}^k = 0 \quad \bmod \mathsf{Z}$$

ist. Man bezeichnet die Zykeln mod Z als *relative Zykeln.* Ohne den relativen Zykel zu ändern, kann man hiernach aus ihm alle k-Simplexe fortlassen, die ganz in Z liegen oder, was dasselbe besagt, die punktfremd zu $\mathsf{H} - \mathsf{Z}$ sind.

Ist z. B. $\Omega = \mathsf{H}$ die euklidische Ebene und $\mathsf{Z} = \Omega - p$ die euklidische Ebene nach Entfernung des Punktes p, so wäre ein 2-Simplex (Dreiecksfläche) mit dem Mittelpunkte p ein 2-Zykel mod Z auf H.

2. Ein Zykel $\mathfrak{z}^k$ mod Z heißt auf H *nullhomolog* mod Z, wenn er auf H homolog einer Kette $\mathfrak{x}^k$ von Z ist. Die Gleichung

$$\mathfrak{Rd}\,\mathfrak{x}^{k+1} = \mathfrak{z}^k + \mathfrak{x}^k \quad (\mathfrak{x}^{k+1} \text{ auf } \mathsf{H},\ \mathfrak{x}^k \text{ auf } \mathsf{Z})$$

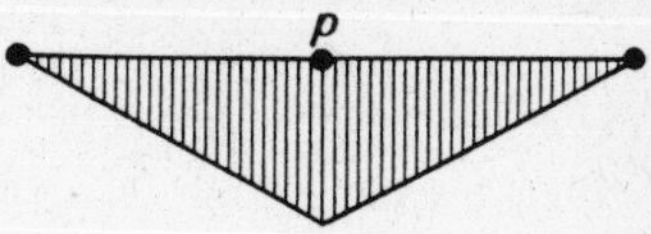

Fig. 6.

ist also gleichbedeutend mit

$$\mathfrak{z}^k \sim 0 \text{ mod } \mathsf{Z} \quad \text{auf } \mathsf{H}.$$

Der als Beispiel angeführte 2-Zykel mod $(\Omega - p)$ ist hiernach nicht nullhomolog mod $(\Omega - p)$, wohl aber der 1-Zykel, der aus einer Strecke mit dem Mittelpunkte p besteht, da er homolog der Summe der beiden Seiten eines Dreiecks ist, das die Strecke mit dem Mittelpunkte p zur dritten Seite hat (Fig. 6).

3. Sind nun $\mathfrak{z}_1{}^k, \ldots, \mathfrak{z}_r{}^k$ r relative Zykeln, so nennt man sie auf H *homolog unabhängig* mod Z, wenn aus einer Homologie

$$\varepsilon_1 \mathfrak{z}_1{}^k + \cdots + \varepsilon_r \mathfrak{z}_r{}^k \sim 0 \text{ mod } \mathsf{Z} \quad \text{auf } \mathsf{H}$$

($\varepsilon_\varrho = 0$ oder $= 1$) folgt $\varepsilon_1 = \cdots = \varepsilon_r = 0$. Die maximale Anzahl homolog unabhängiger k-Zykeln von H mod Z heißt die *k-te Zusammenhangszahl von* H mod Z.

4. Wir bemerken noch, daß man ebenso wie bei den absoluten Zykeln durch Unterteilung eines relativen Zykels $\mathfrak{z}^k$ einen mod Z homologen Zykel $\dot{\mathfrak{z}}^k$ erhält. In der Tat gibt es nach dem vorigen Paragraphen auf der von $\mathfrak{z}^k$ bzw. $\mathfrak{Rd}\,\mathfrak{z}^k$ überdeckten Punktmenge zwei Ketten $\mathfrak{x}^{k+1}$ und $\mathfrak{x}^k$, die der Beziehung

$$\mathfrak{Rd}\,\mathfrak{x}^{k+1} = \mathfrak{z}^k + \dot{\mathfrak{z}}^k + \mathfrak{x}^k$$

genügen. Da nun $\mathfrak{x}^{k+1}$ in H, $\mathfrak{x}^k$ ebenso wie $\mathfrak{Rd}\,\mathfrak{z}^k$ in Z liegt, so folgt

$$\mathfrak{z}^k + \dot{\mathfrak{z}}^k \sim 0 \quad \text{mod } \mathsf{Z} \text{ auf } \mathsf{H},$$

was zu beweisen war.

5. Ferner erhält man durch Deformation eines relativen Zykels $\mathfrak{z}^k$ einen auf H homologen Zykel $\mathfrak{z}_1{}^k$, vorausgesetzt, daß während der Deformation $\mathfrak{z}^k$ in H und $\mathfrak{Rd}\,\mathfrak{z}^k$ in Z bleibt. Bezeichnet man die Verbindungskette, die $\mathfrak{z}^k$ bzw. $\mathfrak{Rd}\,\mathfrak{z}^k$ bei der Deformation überstreicht, mit $\mathfrak{x}^{k+1}$ bzw. $\mathfrak{x}^k$, so hat man

$$\mathfrak{Rd}\,\mathfrak{x}^{k+1} = \mathfrak{z}^k + \mathfrak{z}_1{}^k + \mathfrak{x}^k.$$

Da aber $\mathfrak{x}^{k+1}$ auf H und $\mathfrak{x}^k$ auf Z liegt, so folgt

$$\mathfrak{z}^k + \mathfrak{z}_1{}^k \sim 0 \text{ mod } \mathsf{Z} \quad \text{auf } \mathsf{H}$$

oder gleichbedeutend hiermit

$$\mathfrak{z}^k \sim \mathfrak{z}_1{}^k \text{ mod } \mathsf{Z} \quad \text{auf } \mathsf{H}.$$

§ 4. Typenzahlen einer Funktion J auf Ω.

Wir kommen nun zum Hauptgegenstande unserer Untersuchung.

Es sei auf einem Umgebungsraume Ω eine *stetige Funktion* J gegeben. Ist α ein beliebiger Wert von J, so verstehen wir unter

$$\{J < \alpha\}$$

die Menge aller Punkte von Ω, in denen $J < \alpha$ ist. Entsprechende Bedeutung haben Symbole wie

$$\{J \leqq \alpha\}, \quad \{J = \alpha\}, \quad \{\beta \geqq J \geqq \alpha\}.$$

Die Punkte von $\{J < \alpha\}$ nennen wir auch *die Punkte unterhalb des J-Wertes* α.

Wir betrachten die auf $\{J \leqq \alpha\}$ liegenden Zykeln mod $\{J < \alpha\}$ und nennen sie kurz die *zum J-Werte* α *gehörigen relativen Zykeln.* Es kann sein, daß sie auf $\{J \leqq \alpha\}$ alle ~ 0 mod $\{J < \alpha\}$ sind. Alsdann heißt α ein *gewöhnlicher Wert* von J. Im anderen Falle heißt α *kritisch,* und die Maximalzahl der homolog unabhängigen k-Zykeln des Wertes α, wofür wir auch sagen können: die k-te Zusammenhangszahl von $\{J \leqq \alpha\}$ mod $\{J < \alpha\}$ heißt die *k-te Typenzahl des Wertes* α:

$$m^k = m^k(\alpha) \qquad (k = 0, 1, 2, \ldots).$$

m^k kann auch ∞ sein. — Ein gewöhnlicher Wert von J ist also dadurch charakterisiert, daß alle seine Typenzahlen $= 0$ sind.

Einige Beispiele mögen die Bedeutung dieser Begriffe erläutern.

1. Beispiel: Ω sei ein beliebiger Umgebungsraum. Wenn J auf Ω ein absolutes Minimum J_0 besitzt, so ist J_0 ein kritischer Wert. Denn $\{J < J_0\}$ ist leer. Ein einzelner Punkt auf $\{J = J_0\}$ ist dann offenbar ein auf $\{J \leqq J_0\}$ nicht nullhomologer 0-Zykel mod $\{J < J_0\}$. Die 0-te Typenzahl von J_0 ist daher sicher > 0. Allgemein stimmen die Typenzahlen von J_0 mit den Zusammenhangszahlen der Punktmenge $\{J = J_0\}$ überein.

Dagegen braucht ein Maximum nicht kritisch zu sein. Gegenbeispiel: Ω sei eine abgeschlossene Strecke der y-Achse und $J = y$. Alle Typenzahlen des Maximalwertes sind $= 0$, da jeder relative Zykel sich vom Maximalwerte herunterdeformieren läßt.

2. Beispiel: Ω sei wieder ein beliebiger Umgebungsraum und die Funktion J konstant; $J = \gamma$. Dann ist γ nach dem 1. Beispiele als Minimalwert kritisch. Die relativen Zykeln mod $\{J < \gamma\}$ stimmen mit den absoluten Zykeln von Ω, die k-te Typenzahl mit der k-ten Zusammenhangszahl von Ω überein.

3. Beispiel: Ω sei die euklidische xy-Ebene,

$$J = y.$$

Alle Werte sind gewöhnliche Werte. Denn jeder zu einem Werte α gehörige relative Zykel läßt sich durch eine Translation in Richtung der negativen y-Achse unterhalb α deformieren, ist also auf $\{J \leqq \alpha\} \sim 0$ mod $\{J < \alpha\}$ (vgl. § 3 Absatz 5).

4. Beispiel: Sattelpunkt. Ω sei wieder die euklidische xy-Ebene und

$$J = -x^2 + y^2.$$

Jeder von 0 verschiedene Wert α ist ein gewöhnlicher Wert, da man einen zu ihm gehörigen relativen Zykel auf den Fallinien von J in $\{J < \alpha\}$ hinunterdeformieren kann; die Fallinien stehen senkrecht auf den in der Fig. 7 gezeichneten Niveaulinien. — Dagegen ist der Wert $J = 0$ kritisch. Denn die Strecke $-1 \leqq x \leqq +1$ der x-Achse ist ein 1-Zykel von $\{J \leqq 0\}$ mod $\{J < 0\}$, der nicht nullhomolog mod $\{J < 0\}$ ist; $\{J < 0\}$ besteht nämlich aus zwei punktfremden Gebieten (Quadranten, in der Figur schraffiert); die beiden Endpunkte der Strecke sind daher in $\{J < 0\}$ nicht einander homolog.

Um die Typenzahlen $m^k(0)$ zu bestimmen, betrachten wir auf $\{J \leqq 0\}$ irgendeinen[9] Zykel $\mathfrak{z}^k$ mod $\{J < 0\}$ und deformieren ihn durch eine senkrechte Projektion auf die x-Achse in einen homologen relativen Zykel $\mathfrak{z}_1^k$. Diesen approximieren wir auf der x-Achse simplizial[10] in einen relativen Zykel $\mathfrak{z}_2^k$. $\mathfrak{z}_2^k$ ist für $k > 1$ der k-Zykel 0. Daraus folgt

$$m^k(0) = 0 \quad \text{für } k > 1.$$

$\mathfrak{z}_2{}^1$ ist, wenn man von Simplexen, die ganz in $\{J < 0\}$ liegen, absieht, entweder $= 0$ oder gleich einer den Nullpunkt im Innern enthaltenden Strecke der x-Achse; also ist

$$m^1(0) = 1\,.$$

Es ist schließlich

$$m^0(0) = 0,$$

da jedes 0-Simplex auf $\{J \leqq 0\}$ homolog einem auf $\{J < 0\}$ ist.

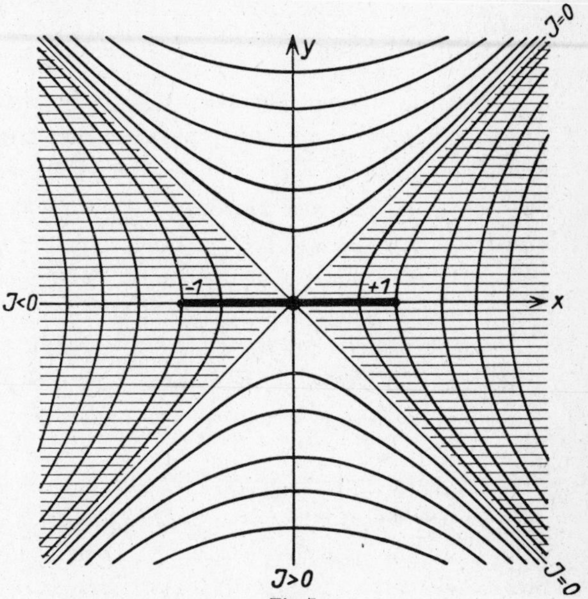

Fig. 7.
Kritischer Wert $J = 0$ (Sattelpunkt) mit Niveaulinien.

5. Beispiel: Ω sei die Kreislinie $x^2 + y^2 = 1$ und $J = y$. Dann hat man als kritische Werte $J = \pm 1$. $J = -1$ ist kritisch als absolutes Minimum; $J = +1$ ist kritisch, weil die Kreislinie selbst (oder auch jedes den Punkt $y = 1$ im Innern enthaltende Stück von ihr) ein in $\{J \leqq 1\}$ nicht nullhomologer relativer 1-Zykel mod $\{J < 1\}$ ist. Denn die Kreislinie, die zugleich ein absoluter 1-Zykel von Ω und ein relativer 1-Zykel mod $\{J < 1\}$ ist, ist auf sich selbst nicht nullhomolog, also kann sie nicht homolog einem Zykel unterhalb $J = 1$, also nicht nullhomolog mod $\{J < 1\}$ sein. Es ist daher

$$m^0(-1) = 1, \quad m^k(-1) = 0 \quad \text{für} \quad k > 0,$$
$$m^1(+1) = 1, \quad m^k(+1) = 0 \quad \text{für} \quad k \neq 1.$$

6. Beispiel: Ω sei die Ringfläche, die wir als Rotationsringfläche mit der z-Achse als Rotationsachse und der xy-Ebene als Symmetrieebene in den xyz-Raum legen. Der Meridiankreis habe den Radius 1. Es sei die Funktion

$$J = z^2.$$

Kritisch sind die Werte $J = 0$ (absolutes Minimum) und $J = 1$ (absolutes Maximum). Die Typenzahlen des Wertes $J = 0$ stimmen nach dem 1. Beispiel mit den Zusammenhangszahlen von $\{J = 0\}$ überein. Diese Punktmenge besteht nun aus zwei Kreisen, dem kleinsten und größten Breitenkreise. Nach dem 1. und 2. Beispiel von § 2 ist daher

$$m^0(0) = m^1(0) = 2, \quad m^k(0) = 0 \text{ für } k > 1.$$

Die Punktmenge $\{J = 1\}$ setzt sich aus dem tiefsten und höchsten Breitenkreise zusammen. Es ist

$$m^0(1) = 0, \quad m^1(1) = m^2(1) = 2, \quad m^k(1) = 0 \text{ für } k > 2.$$

Um z. B. zwei homolog unabhängige relative 2-Zykeln mod $\{J < 1\}$ zu erhalten, trianguliere man die Ringfläche so, daß der kleinste und größte Breitenkreis aus 1-Simplexen der Triangulierung besteht. Dann sind die beiden Hälften, in die die xy-Ebene die Ringfläche zerlegt, zwei relative 2-Zykeln mod $\{J < 1\}$. Sie sind homolog unabhängig, da ihre Summe ein absoluter 2-Zykel, nämlich die ganze Ringfläche ist, und dieser nicht homolog einem Zykel unterhalb $J = 1$ ist.

§ 5. Ungleichung zwischen Typenzahlen und Zusammenhangszahlen.

Um einen Zusammenhang zwischen den Typenzahlen und den Zusammenhangszahlen von Ω zu stiften, bedarf es der folgenden Voraussetzung über Ω und J, die das in der Einleitung erwähnte Hängenbleiben der Zykeln präzisiert.

Axiom I: *Zu jedem absoluten k-Zykel* $\mathfrak{Z}^k$ *auf* Ω, *der nicht nullhomolog auf* Ω *ist, gibt es eine Zahl* $\underline{\gamma}$ *derart, daß* $\mathfrak{Z}^k$ *homolog auf* Ω *einem Zykel von* $\{J \leqq \underline{\gamma}\}$, *aber nicht homolog einem Zykel von* $\{J < \underline{\gamma}\}$ *ist.* $\underline{\gamma}$ heißt die *untere Homologiegrenze* des Zykels $\mathfrak{Z}^k$.

Wenn der Zykel bereits auf $\{J \leqq \underline{\gamma}\}$ liegt, so heißt er ein zum Werte $\underline{\gamma}$ gehöriger *Minimalzykel.* Man kann daher das Axiom I auch so aussprechen: *Zu jedem nicht nullhomologen Zykel gibt es einen auf* Ω *homologen Minimalzykel.*

Eine weitere gleichwertige Formulierung ist die folgende. Da ein Zykel $\mathfrak{Z}^k$ aus endlich vielen singulären Simplexen besteht, hat J auf $\mathfrak{Z}^k$ ein Maximum. Man bestimme nun für jeden zu $\mathfrak{Z}^k$ homologen Zykel dieses Maximum und nehme die untere Grenze dieser Maxima. Axiom I verlangt dann, daß die untere Grenze wirklich angenommen wird.

Daß Axiom I nicht immer erfüllt ist, zeigt das 3. Beispiel von § 4. Für die einzigen in der xy-Ebene nicht nullhomologen Zykeln, die 0-Zykeln (Punkte), ist Axiom I verletzt. Wir geben ein weiteres Beispiel.

1. Beispiel: Ω sei die Kreisscheibe

$$x^2 + y^2 \leqq 1,$$

aus der der Nullpunkt entfernt ist. Es sei $J = y$. Nimmt man dann auf allen zum Randkreise homologen 1-Zykeln das Maximum von J, so ist die untere Grenze dieser Maxima $= 0$. Sie wird aber auf keinem dieser 1-Zykeln angenommen, da der Nullpunkt nicht zu Ω gehört. Axiom I gilt also nicht.

Wir ziehen jetzt aus dem Axiom I einige Folgerungen.

Satz I: *Jede untere Homologiegrenze ist kritisch.*

Beweis: Ist $\mathfrak{Z}^k$ ein zu $\underline{\gamma}$ gehöriger Minimalzykel, so läßt er sich als Zykel mod $\{J < \underline{\gamma}\}$ auffassen. $\mathfrak{Z}^k$ ist aber nicht nullhomolog mod $\{J < \underline{\gamma}\}$, da $\mathfrak{Z}^k$ als Minimalzykel nicht homolog einem Zykel unterhalb $\underline{\gamma}$ ist. Also ist die k-te Typenzahl von $\underline{\gamma}$, $m^k(\underline{\gamma}) > 0$, was zu beweisen war.

Daß nicht umgekehrt jeder kritische Wert untere Homologiegrenze ist, zeigt das

2. Beispiel: Ω sei die in Fig. 8 gezeichnete Kurve der euklidischen Ebene und $J = y$. Kritisch sind die vier Werte $\gamma_1, \gamma_2, \gamma_3, \gamma_4$, in denen die Tangente horizontal ist. Ihre von 0 verschiedenen Typenzahlen sind

$$m^0(\gamma_1) = m^0(\gamma_2) = m^1(\gamma_3) = m^1(\gamma_4) = 1.$$

γ_2 und γ_3 sind nicht untere Homologiegrenzen, denn die einzigen nicht nullhomologen Zykeln auf Ω sind ein einzelner Punkt und die ganze Kurve. Deren untere Homologiegrenzen sind aber γ_1 und γ_4.

Satz II: *Zwischen der k-ten Zusammenhangszahl R^k von Ω und der Summe M^k der k-ten Typenzahlen aller kritischen Werte von J gilt die Ungleichung*

$$M^k \geqq R^k.$$

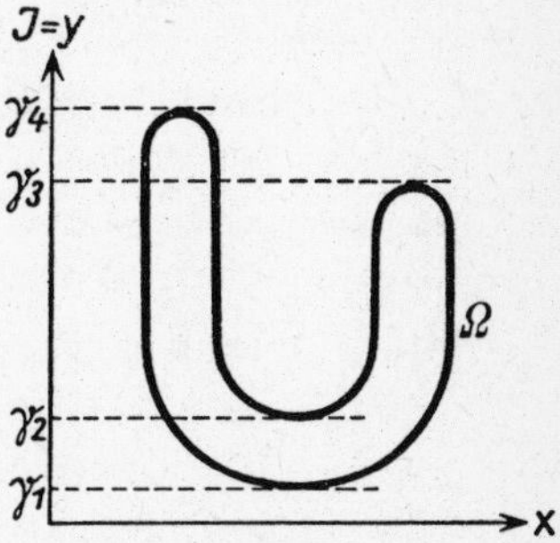

Fig. 8.

Für R^k und M^k lassen wir auch den Wert ∞ zu.

Beweis: Die Zahl r sei $= R^k$ für endliches R^k und eine beliebig große natürliche Zahl, wenn $R^k = \infty$. Dann gibt es auf Ω r homolog unabhängige k-Zykeln $\mathfrak{Z}_1^k, \ldots, \mathfrak{Z}_r^k$. Nach Axiom I dürfen wir sie als Minimalzykeln voraussetzen. Jeder von ihnen gehört zu einem bestimmten kritischen Werte. γ_1 sei der höchste dieser kritischen Werte. Wir betrachten nun die zu γ_1 gehörigen unter den r k-Zykeln. Sollte eine Linearkombination dieser Zykeln, etwa $\mathfrak{Z}_1^k + \cdots + \mathfrak{Z}_q^k$, homolog einem Zykel $\mathfrak{Z}^k$ unterhalb γ_1 sein, so ersetzen wir $\mathfrak{Z}_1^k, \ldots, \mathfrak{Z}_q^k$ durch $\mathfrak{Z}_1^k, \ldots, \mathfrak{Z}_{q-1}^k$ und $\mathfrak{Z}^k$. $\mathfrak{Z}^k$ dürfen wir wieder als Minimalzykel annehmen. Wir haben auf diese Weise r homolog unabhängige Minimalzykeln $\mathfrak{Z}_1^k, \ldots, \mathfrak{Z}_{q-1}^k, \mathfrak{Z}^k, \mathfrak{Z}_{q+1}^k, \ldots, \mathfrak{Z}_r^k$ gefunden, von denen nur noch $q-1$ zum kritischen Werte γ_1 gehören. Sollte es abermals eine Linearkombination dieser $q-1$ Zykeln geben, die homolog einem Zykel unterhalb γ_1 ist, so wenden wir auf sie das gleiche Verfahren an und gewinnen damit schließlich r unabhängige Minimalzykeln von der Art, daß alle Linearkombinationen der zu γ_1 gehörigen Zykeln Minimalzykeln sind, während die übrigen unterhalb γ_1 liegen. Von diesen übrigen nehmen wir die zum höchsten kritischen Werte γ_2 gehörigen Zykeln und wenden auf sie dasselbe Verfahren an wie soeben. Schließlich erhalten wir r homolog unabhängige Minimalzykeln von der Art, daß keine Linearkombination der zu ein und demselben kritischen Werte γ_ϱ gehörigen Minimalzykeln homolog einem Zykel unterhalb γ_ϱ ist. Dann sind aber diese Zykeln, je als relative Zykeln mod $\{J < \gamma_\varrho\}$ betrachtet, auf $\{J \leqq \gamma_\varrho\}$ homolog unabhängig, also ist ihre Anzahl höchstens gleich der Typenzahl $m^k(\gamma_\varrho)$, also ist die Summe über alle k-ten Typenzahlen

$$M^k \geqq \sum m^k(\gamma_\varrho) \geqq r,$$

was zu beweisen war.

§ 6. Bedingung für Gleichheit von M^k und R^k.

Wir untersuchen jetzt den für die Anwendungen wichtigen Fall, daß die Ungleichung des Satzes II von § 5 in die Gleichung

$$M^k = R^k$$

übergeht. Wir werden Bedingungen angeben, unter denen diese Gleichheit sicher eintritt. Wir fordern zuerst als ein weiteres Axiom

Axiom II: *Zu jedem absoluten k-Zykel* $\mathfrak{Z}^k$ *von* Ω, *der nullhomolog in* Ω *ist, gibt es eine Zahl* $\bar{\gamma}$, *so daß* $\mathfrak{Z}^k$ *nullhomolog in* $\{J \leqq \bar{\gamma}\}$, *aber nicht nullhomolog in* $\{J < \bar{\gamma}\}$ *ist.*

$\bar{\gamma}$ heißt die *obere Homologiegrenze* von $\mathfrak{Z}^k$.

Mit anderen Worten kann man das Axiom so aussprechen: Wenn man auf jeder in $\mathfrak{Z}^k$ eingespannten $(k+1)$-Kette das Maximum von J nimmt und die untere Grenze aller dieser Maxima bildet, die sicher nicht kleiner als das Maximum von J auf $\mathfrak{Z}^k$ ist, so verlangt das Axiom, daß diese untere Grenze wirklich angenommen wird.[10a]

Daß Axiom II nicht aus Axiom I folgt, zeigt folgendes

1. Beispiel: Ω sei die Halbkreisscheibe $x^2 + y^2 \leqq 1$, $y \geqq 0$, aus der der Nullpunkt $x = y = 0$ entfernt ist; J sei $= y$. Axiom I ist erfüllt, da die einzigen nicht nullhomologen Zykeln die 0-Zykeln sind und für diese $J = 0$ die untere Homologiegrenze ist. Dagegen besitzt der aus den beiden Punkten $x = \pm 1$ der x-Achse bestehende nullhomologe 0-Zykel keine obere Homologiegrenze. — In diesem Beispiele ist übrigens $M^0 = 2$, $R^0 = 1$, es gilt also die Ungleichung $M^0 > R^0$.

Umgekehrt folgt Axiom I nicht aus II. Gegenbeispiel:

2. Beispiel: Ω sei die halboffene Strecke $0 < y \leqq 1$ der y-Achse, $J = y$. Die obere Homologiegrenze fällt für jeden Zykel mit dem Maximum zusammen, das die Funktion J auf dem Zykel annimmt. Axiom I ist dagegen für die 0-Zykeln verletzt.

Die zweite Bedingung, die wir eintreten lassen, wird so erklärt: Es sei $\mathfrak{z}^k$ ein auf $\{J \leqq \alpha\}$ liegender Zykel mod $\{J < \alpha\}$. Es kann dann sein, daß der Rand von $\mathfrak{z}^k$ nullhomolog auf $\{J < \alpha\}$ ist. Ist demgemäß $\mathfrak{u}^k$ eine in $\mathfrak{R}\partial\mathfrak{z}^k$ eingespannte unterhalb $J = \alpha$ liegende Kette, so ist $\mathfrak{z}^k + \mathfrak{u}^k = \mathfrak{Z}^k$ eine geschlossene Kette, also ein absoluter k-Zykel. Wir sagen dann, daß sich der relative Zykel $\mathfrak{z}^k$ unterhalb $J = \alpha$ zu einem absoluten Zykel *ergänzen* läßt. Ist der Wert α nicht kritisch, so ist eine solche Ergänzung immer möglich, denn dann ist $\mathfrak{z}^k$ homolog einer unterhalb $J = \alpha$ liegenden Kette, die wir als Kette $\mathfrak{u}^k$ benutzen können. Ist aber α kritisch, so ist unter Umständen die Ergänzung nicht möglich, wie folgendes Beispiel zeigt.

3. Beispiel: Ω sei die Halbkreislinie $x^2 + y^2 = 1$, $y \geqq 0$ und $J = y$. Die Halbkreislinie selbst ist ein 1-Zykel mod $\{J < 1\}$, der sich nicht ergänzen läßt.

Die zweite Bedingung besteht nun in der Beschränkung auf den Fall, daß für jeden beliebigen J-Wert α jeder auf $\{J \leqq \alpha\}$ gelegene Zykel mod $\{J < \alpha\}$ unterhalb $J = \alpha$ ergänzbar ist. Dann gilt der

Satz: *Sind im Umgebungsraume* Ω *die Axiome I und II erfüllt und ist für jeden J-Wert* α *jeder relative Zykel jeder Dimension ergänzbar, so gilt*

$$M^k = R^k \qquad (k = 0, 1, 2, \ldots),$$

d. h. es ist die k-te Zusammenhangszahl R^k von Ω gleich der Summe der k-ten Typenzahlen, über alle kritischen Werte von J erstreckt. — Dieser

Satz wird uns im III. Kapitel zur Berechnung von Zusammenhangszahlen dienen.

Beweis: Sei $m = M^k$, wenn M^k endlich ist, andernfalls sei m eine beliebig große natürliche Zahl. Dann gibt es m relative Zykeln $\mathfrak{z}_\mu^k \bmod \{J < \gamma_\mu\}$ derart, daß $\mathfrak{z}_\mu^k$ zum kritischen Werte γ_μ gehört und die etwa zu gleichen kritischen Werten γ_μ gehörigen unter diesen Zykeln homolog unabhängig mod$\{J < \gamma_\mu\}$ auf $\{J \leqq \gamma_\mu\}$ sind ($\mu = 1, \ldots, m$). Nach Voraussetzung läßt sich der relative Zykel $\mathfrak{z}_\mu^k$ unterhalb seines kritischen Wertes γ_μ zu einem absoluten Zykel $\mathfrak{Z}_\mu^k$ ergänzen; unter Umständen ist schon $\mathfrak{z}_\mu^k = \mathfrak{Z}_\mu^k$ ein absoluter Zykel. Wir behaupten: $\mathfrak{Z}_1^k, \ldots, \mathfrak{Z}_m^k$ sind auf Ω homolog unabhängig. Wäre das nicht der Fall, so wären gewisse unter diesen Zykeln, etwa $\mathfrak{Z}_1^k, \ldots, \mathfrak{Z}_q^k$ zusammen nullhomolog:

$$\mathfrak{Z}_1^k + \cdots + \mathfrak{Z}_q^k \sim 0 \quad \text{auf } \Omega.$$

Ist nun γ der größte der kritischen Werte $\gamma_1, \ldots, \gamma_q$, so gilt die genannte Homologie nicht bereits auf $\{J \leqq \gamma\}$, da die zu γ gehörigen unter den q Zykeln, als relative Zykeln mod $\{J < \gamma\}$ betrachtet, auf $\{J \leqq \gamma\}$ homolog unabhängig mod $\{J < \gamma\}$ sind. Die zu $\mathfrak{Z}_1^k + \cdots + \mathfrak{Z}_q^k$ gehörige, nach Axiom II vorhandene obere Homologiegrenze δ ist also $> \gamma$. Es gibt dann eine Kette $\mathfrak{D}^{k+1}$ auf $\{J \leqq \delta\}$ mit

$$\mathfrak{R}\partial\, \mathfrak{D}^{k+1} = \mathfrak{Z}_1^k + \cdots + \mathfrak{Z}_q^k.$$

Da nun $\mathfrak{D}^{k+1}$ unterhalb δ zu einem absoluten Zykel ergänzbar ist, so wäre $\mathfrak{Z}_1^k + \cdots + \mathfrak{Z}_q^k$ bereits nullhomolog unterhalb δ, während doch δ die obere Homologiegrenze von $\mathfrak{Z}_1^k + \cdots + \mathfrak{Z}_q^k$ ist. Aus diesem Widerspruche folgt, daß $\mathfrak{Z}_1^k, \ldots, \mathfrak{Z}_m^k$ homolog unabhängig sind, also $R^k \geqq m$, also $R^k \geqq M^k$ ist. Zusammen mit der Gleichung $M^k \geqq R^k$ des Satzes II von § 5 folgt $M^k = R^k$.

Zur Erläuterung der Sätze von § 5 und § 6 möge die Ringfläche mit und ohne Fortsätze dienen.

4. Beispiel: Ω sei eine im xyz-Raume liegende Rotationsringfläche mit der x-Achse als Rotationsachse. Es sei $J = z$ (Fig. 1, S. 7). Man hat 4 kritische Werte $\gamma_1, \gamma_2, \gamma_3, \gamma_4$, die den 4 zur xy-Ebene parallelen Tangentialebenen von Ω entsprechen. Die von 0 verschiedenen Typenzahlen sind

$$m^0(\gamma_1) = m^1(\gamma_2) = m^1(\gamma_3) = m^2(\gamma_4) = 1.$$

Zugehörige relative Zykeln sind beziehungsweise: Der Punkt $\mathfrak{Z}^0$, der Meridiankreis $\mathfrak{Z}_1^1$, der Breitenkreis $\mathfrak{Z}_2^1$ und die irgendwie triangulierte Ringfläche $\mathfrak{Z}^2$. Diese relativen Zykeln sind zugleich absolute Zykeln, und zwar Minimalzykeln. Da die Axiome I und II und die Ergänzbarkeitsbedingung erfüllt sind, gilt der Satz dieses Paragraphen. In der Tat ist

$$M^0 = R^0 = 1, \quad M^1 = R^1 = 2, \quad M^2 = R^2 = 1.$$

5. Beispiel: Wir ändern das vorige Beispiel dadurch ab, daß wir an die Ringfläche zwei Fortsätze ansetzen, wie sie die schematische Figur 2 S. 8 zeigt. Jetzt hat man die kritischen Werte γ_1 (Minimum), $\gamma, \gamma_2, \gamma_3, \gamma_4$ (Maximum). Zugehörige homolog unabhängige relative Zykeln sind:

für $J = \gamma_1$ die beiden Punkte $\mathfrak{Z}_1^0$ und $\mathfrak{Z}_2^0$,
für $J = \gamma$ der Schnitt $\mathfrak{z}^1$ der Ringfläche mit der yz-Ebene in der Umgebung des Sattelpunktes g (in der Figur 2 stark ausgezogen),
für $J = \gamma_2$ der Meridiankreis $\mathfrak{Z}_1^1$,
für $J = \gamma_3$ der Breitenkreis $\mathfrak{Z}_2^1$,
für $J = \gamma_4$ die triangulierte Ringfläche $\mathfrak{Z}^2$ oder die in der Figur gezeichnete Kappe.

Die Axiome I und II sind erfüllt. Dagegen ist die Ergänzbarkeitsbedingung für den relativen Zykel $\mathfrak{z}^1$ verletzt. Das hat zur Folge, daß die Zahlen M^1 und M^0 größer werden als die entsprechenden Zusammenhangszahlen. Man hat nämlich

$$M^0 = 2, \quad M^1 = 3, \quad M^2 = 1,$$
$$R^0 = 1, \quad R^1 = 2, \quad R^2 = 1.$$

Aufgabe: Die Funktion

$$J = \frac{-x^2 - y^2 + z^2 \pm (x^2 + y^2 + z^2)^2}{1 + (x^2 + y^2 + z^2)^4}$$

ist eine im euklidischen Raume regulär analytische Funktion, sowohl für das Pluswie für das Minuszeichen. $J = 0$ ist ein kritischer Wert. Man ermittele die zugehörigen homolog unabhängigen relativen Zykeln und die Typenzahlen und man untersuche die relativen Zykeln auf ihre Ergänzbarkeit.[11]

II. Kapitel

Typenzahlen stationärer Punkte.

Wir haben es bisher mit Typenzahlen kritischer Werte einer stetigen Funktion J auf einem Umgebungsraum Ω zu tun gehabt. Es waren das Betrachtungen im Großen; sie bezogen sich auf die ganze Punktmenge, in der J den kritischen Wert annimmt. Wir brauchen als weiteres Hilfsmittel für die Variationsrechnung die Untersuchung der Umgebung eines einzelnen Punktes. Ihr wenden wir uns jetzt zu. Dabei lassen wir einige Unterschiede eintreten. Statt einen beliebigen Umgebungsraum Ω zugrunde zu legen, beschränken wir uns auf den n-dimensionalen euklidischen Raum $\mathfrak{R}^n$. Statt bloße Stetigkeit setzen wir zweimalige stetige Differenzierbarkeit der Funktion J voraus. Statt um kritische Werte von J handelt es sich jetzt um stationäre Punkte auf $\mathfrak{R}^n$.

§ 7. Definition der Typenzahlen stationärer Punkte.

In einem gewissen Gebiete des euklidischen Raumes $\mathfrak{R}^n$ mit den kartesischen Koordinaten $x_1, \ldots, x_n$ sei eine zweimal stetig differenzierbare Funktion $J(x)$ gegeben. Wenn keine Mißverständnisse zu befürchten sind, so schreiben wir hinfort für $(x_1, \ldots, x_n)$ abkürzend (x).

Unter einem *stationären Punkte* von $\mathfrak{R}^n$ verstehen wir einen solchen, in dem alle ersten partiellen Ableitungen von J verschwinden:

$$J_\nu = \frac{\partial J}{\partial x_\nu} = 0 \qquad (\nu = 1, 2, \ldots, n).$$

Wir untersuchen im folgenden einen *isolierten* stationären Punkt g; das heißt g ist der einzige stationäre Punkt in einer gewissen Umgebung $\mathfrak{G}$, von der wir annehmen, daß sie ganz dem Definitionsbereiche von J angehört.

Um die verschiedenen möglichen Arten isolierter stationärer Punkte zu klassifizieren, betrachten wir die Teilmenge $\mathfrak{G}^-$ derjenigen Punkte von $\mathfrak{G}$, für die $J < J(g)$ ist. Als *k-te Typenzahl* m^k des Punktes g führen wir die k-te Zusammenhangszahl der Punktmenge $\mathfrak{G}^- + g \bmod \mathfrak{G}^-$ ein, also die Maximalzahl der homolog unabhängigen relativen k-Zykeln mod $\mathfrak{G}^-$ auf der um den Punkt g vermehrten Punktmenge $\mathfrak{G}^-$.

Die Typenzahlen sind bereits durch eine beliebig kleine Umgebung des Punktes g bestimmt. Es gilt nämlich der

Satz I: *Ist* $'\mathfrak{G}$ *eine in* $\mathfrak{G}$ *liegende Umgebung von* g *und* $'\mathfrak{G}^-$ *die Teilmenge von* $'\mathfrak{G}$, *auf der* $J < J(g)$ *ist, so sind die Zusammenhangszahlen von* $'\mathfrak{G}^- + g$ *mod* $'\mathfrak{G}^-$ *dieselben wie die von* $\mathfrak{G}^- + g$ *mod* $\mathfrak{G}^-$. Die Figur 9 zeigt diese Umgebungen beim stationären Punkt $x_1 = x_2 = 0$ der Funktion $J = x_1 x_2$.

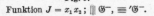

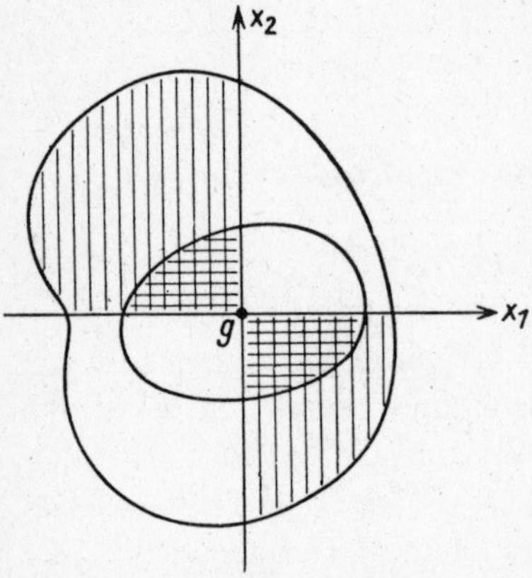

Fig. 9.
Funktion $J = x_1 x_2$; ||| $\mathfrak{G}^-$, $\equiv$ $'\mathfrak{G}^-$.

Beweis: Wir bezeichnen die relativen k-Zykeln von $\mathfrak{G}^- + g$ mod $\mathfrak{G}^-$ mit $\mathfrak{z}^k$, die von $'\mathfrak{G}^- + g$ mod $'\mathfrak{G}^-$ mit $'\mathfrak{z}^k$. Dann gilt:

I. Zu jedem relativen Zykel $\mathfrak{z}^k$ gibt es einen relativen Zykel $'\mathfrak{z}^k$, so daß die Homologie besteht:

$$\mathfrak{z}^k \sim {}'\mathfrak{z}^k \text{ mod } \mathfrak{G}^- \quad \text{auf } \mathfrak{G}^- + g.$$

Man nehme nämlich eine Unterteilung von $\mathfrak{z}^k$, die so fein ist, daß die durch g gehenden Simplexe der Unterteilung zu $'\mathfrak{G}$ gehören, und behalte von ihr nur diese Simplexe bei. Die entstehende Kette $'\mathfrak{z}^k$ ist die gewünschte, da durch Unterteilung und Fortlassen der zu g punktfremden Simplexe ein homologer relativer Zykel entsteht, nach § 3 Absatz 4 und 1. — Aus I folgt: Sind die relativen Zykeln $\mathfrak{z}_1^k, \ldots, \mathfrak{z}_r^k$ homolog unabhängig auf $\mathfrak{G}^- + g$ mod $\mathfrak{G}^-$, so gilt Gleiches von den homologen Zykeln $'\mathfrak{z}_1^k, \ldots, {}'\mathfrak{z}_r^k$. Letztere sind dann erst recht homolog unabhängig auf $'\mathfrak{G}^- + g$ mod $'\mathfrak{G}^-$; d. h.: die k-te Zusammenhangszahl von $\mathfrak{G}^- + g$ mod $\mathfrak{G}^-$ ist höchstens so groß wie die von $'\mathfrak{G}^- + g$ mod $'\mathfrak{G}^-$.

II. Aus

$$(1) \qquad {}'\mathfrak{z}^k \sim 0 \text{ mod } \mathfrak{G}^- \quad \text{auf } \mathfrak{G}^- + g$$

folgt, daß auch schon

$$(2) \qquad {}'\mathfrak{z}^k \sim 0 \text{ mod } {}'\mathfrak{G}^- \quad \text{auf } {}'\mathfrak{G}^- + g$$

ist. Denn die Homologie (1) ist gleichbedeutend mit der Randbeziehung

$$(3) \qquad \mathfrak{R}\partial \mathfrak{x}^{k+1} = {}'\mathfrak{z}^k + \mathfrak{x}^k \quad (\mathfrak{x}^{k+1} \text{ auf } \mathfrak{G}^- + g;\ \mathfrak{x}^k \text{ auf } \mathfrak{G}^-).$$

Es sei nun $\dot{\mathfrak{x}}^{k+1}$ eine so feine Unterteilung von $\mathfrak{x}^{k+1}$, daß die durch g gehenden Simplexe von $\dot{\mathfrak{x}}^{k+1}$ in $'\mathfrak{G}$ liegen. Durch diese Unterteilung ist zugleich eine Unterteilung von $'\mathfrak{z}^k$ und $\mathfrak{x}^k$ entstanden, die wir mit $'\dot{\mathfrak{z}}^k$ und $\dot{\mathfrak{x}}^k$ bezeichnen. Dann gilt nach (3)

$$(4) \qquad \mathfrak{R}\partial \dot{\mathfrak{x}}^{k+1} = {}'\dot{\mathfrak{z}}^k + \dot{\mathfrak{x}}^k \quad (\dot{\mathfrak{x}}^{k+1} \text{ auf } \mathfrak{G}^- + g;\ \dot{\mathfrak{x}}^k \text{ auf } \mathfrak{G}^-).$$

Durch Weglassen aller zu g punktfremden Simplexe aus $\dot{\mathfrak{x}}^{k+1}$ möge die neue Kette $'\dot{\mathfrak{x}}^{k+1}$ entstehen. Man hat für sie die Berandungsrelation[12]

(5) $$\mathfrak{R}\partial\,'\mathfrak{x}^{k+1} = {}'\mathfrak{z}^k + \mathfrak{y}^k \quad ({}'\mathfrak{x}^{k+1} \text{ auf } {}'\mathfrak{G}^- + g,\ \mathfrak{y}^k \text{ auf } {}'\mathfrak{G}^-).$$

Diese ist gleichbedeutend mit

$$'\mathfrak{z}^k \sim 0 \text{ mod } {}'\mathfrak{G}^- \quad \text{auf } {}'\mathfrak{G}^- + g.$$

Hieraus folgt wegen

$$'\mathfrak{z}^k \sim {}'\mathfrak{z}^k \text{ mod } {}'\mathfrak{G}^- \quad \text{auf } {}'\mathfrak{G}^- + g$$

die gewünschte Homologie (2).

Aus II folgt: Sind die relativen Zykeln $'\mathfrak{z}_1^k, \ldots, {}'\mathfrak{z}_r^k$ homolog unabhängig auf $'\mathfrak{G}^- + g$ mod $'\mathfrak{G}^-$, so sind sie auch unabhängig auf $\mathfrak{G}^- + g$ mod $\mathfrak{G}^-$, d. h. die k-te Zusammenhangszahl von $\mathfrak{G}^- + g$ mod $\mathfrak{G}^-$ ist mindestens so groß wie die von $'\mathfrak{G}^- + g$ mod $'\mathfrak{G}^-$. — Damit ist Satz I bewiesen.

Als wichtige Beispiele stationärer Punkte führen wir das isolierte Minimum und Maximum an. — Wenn der Punkt g ein isoliertes Minimum von J ist, wenn also J in g einen kleineren Wert hat als in allen anderen Punkten einer Umgebung $\mathfrak{G}$, dann ist die Punktmenge $\mathfrak{G}^-$ leer, und die Typenzahlen von g fallen mit den (absoluten) Zusammenhangszahlen der aus g allein bestehenden Punktmenge zusammen. Die Zusammenhangszahlen eines einzelnen Punktes sind aber

$$m^0 = 1; \quad m^k = 0 \text{ für } k > 0.$$

Es sei jetzt der Punkt g ein isoliertes Maximum von J, es habe also J in g einen größeren Wert als in allen anderen Punkten einer Umgebung $\mathfrak{G}$, die wir als offen voraussetzen können. Sei dann $\mathfrak{z}^k$ ein k-Zykel mod $\mathfrak{G}^-$ auf $\mathfrak{G}$. Wir nehmen eine (geradlinige) simpliziale Zerlegung von $\mathfrak{G}$ vor; das ist möglich, da $\mathfrak{G}$ eine offene Teilmenge des euklidischen Raumes ist, sich also mit unendlich vielen geradlinigen Simplexen ausschöpfen läßt.[13] Die Zerlegung sei so gewählt, daß g innerer Punkt eines n-Simplexes $\mathfrak{S}^n$ ist, das so klein ist, daß es keine Punkte mit dem Rande $\mathfrak{z}^{k-1}$ von $\mathfrak{z}^k$ gemein hat. Das geht, da $\mathfrak{z}^{k-1}$ eine abgeschlossene Punktmenge ausmacht, die den Punkt g nicht enthält. Dann approximieren wir in dieser simplizialen Zerlegung $\mathfrak{z}^k$ simplizial und erhalten einen mod $\mathfrak{G}^-$ homologen simplizialen Zykel $\bar{\mathfrak{z}}^k$ mod $\mathfrak{G}^-$. — Ist nun $k < n$, so ist $\bar{\mathfrak{z}}^k$ punktfremd zu g und also $\bar{\mathfrak{z}}^k \sim 0$ mod $\mathfrak{G}^-$. Ist $k > n$, so ist $\bar{\mathfrak{z}}^k$ gleich der k-Kette 0, also wieder $\bar{\mathfrak{z}}^k \sim 0$ mod $\mathfrak{G}^-$. Ist aber $k = n$, so ist nach Fortlassen aller unterhalb $J = J(g)$ gelegenen Simplexe entweder $\mathfrak{z}^k = \mathfrak{S}^n$ oder $\mathfrak{z}^k = 0$. $\mathfrak{S}^n$ ist nicht nullhomolog mod $\mathfrak{G}^-$, da $\mathfrak{R}\partial\mathfrak{S}^n$ nicht nullhomolog in dem durch Weglassen des Punktes g punktierten Raume $\mathfrak{R}^n$ ist, also gibt es für $k = n$ genau einen homolog unabhängigen n-Zykel mod $\mathfrak{G}^-$. Es ist daher

$$m^n = 1; \quad m^k = 0 \text{ für } k \neq n.$$

Wir fassen das Ergebnis zusammen in den

Satz II: *Für ein isoliertes Minimum der Funktion $J(x_1, \ldots, x_n)$ sind die Typenzahlen*

$$m^k = \delta_0^k,$$

für ein isoliertes Maximum

$$m^k = \delta_n^k;$$

dabei ist $\delta_i^k = 0$ oder $= 1$, je nachdem $i \neq k$ oder $i = k$ ist.

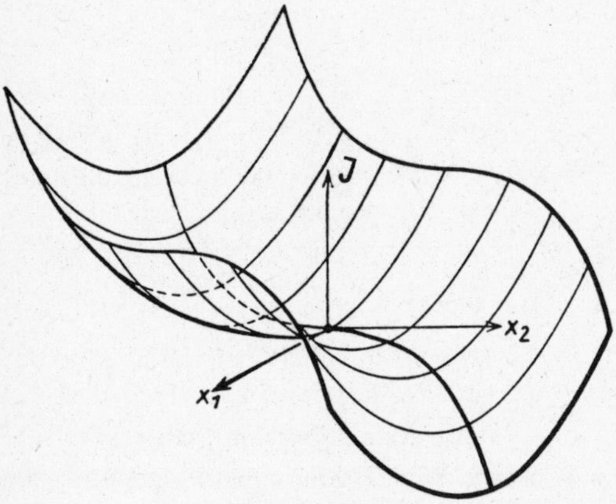

Fig. 10. Sesselpunkt.

Daß ein Punkt stationär sein kann, obwohl alle seine Typenzahlen verschwinden, zeigt das Beispiel der Funktion $J = x^3$ auf der x-Achse als Umgebungsraum. Hier ist der Punkt $x = 0$ offenbar stationär, aber seine Typenzahlen sind alle $= 0$, weil durch eine Translation in Richtung der negativen x-Achse jeder zum Werte 0 gehörige relative Zykel in einen von $\{J < 0\} = \mathfrak{G}^-J$-deformiert (§ 1 Absatz 12) werden kann. Der Nullpunkt ist also *stationär, obwohl der dort angenommene Wert* $J = 0$ *nicht kritisch* im Sinne von § 4 ist. — Das Beispiel ist nicht auf eine Dimension beschränkt, wie das Beispiel des „Sesselpunktes" der Funktion $J = x_1^2 - x_2^3$ zeigt (Fig. 10).

§ 8. Nichtausgeartete stationäre Punkte.

Als Funktion J betrachten wir jetzt eine quadratische Form in den Veränderlichen $x_1, \ldots, x_n$. Sie ist bis auf nichtsinguläre lineare Transformationen vollständig durch ihren Rang r oder, wenn man will, durch den Rangdefekt $n - r$ und durch den Trägheitsindex i bestimmt. Wir beschränken uns auf den Fall, daß der Rangdefekt $= 0$ ist; alsdann nennt man die quadratische Form *nichtausgeartet.* Durch eine passende lineare Koordinatentransformation kann man die nichtausgeartete quadratische Form

$$J = \sum_{\mu, \nu = 1}^{n} a_{\mu\nu} x_\mu x_\nu$$

bekanntlich auf die Normalform

$$J = -x_1^2 - \cdots - x_i^2 + x_{i+1}^2 + \cdots + x_n^2$$

bringen.

Der Nullpunkt $x_1 = \cdots = x_n = 0$ ist offenbar ein stationärer Punkt, und zwar der einzige von J im ganzen euklidischen Raum. Wir bezeichnen ihn wieder mit g. Um seine Typenzahlen zu bestimmen, bedenken wir, daß sich die Punktmenge $\{J < 0\} + g$ durch eine Deformation auf die Hyperebene $\mathfrak{E}^i$ mit der Gleichung $x_{i+1} = \cdots = x_n = 0$ zusammenziehen läßt. Betrachten wir das Beispiel

$$J = -x_1^2 - x_2^2 + x_3^2 \qquad (n = 3,\ i = 2).$$

Hier ist $J > 0$ im Innern des „Vor- und Nachkegels“, $J < 0$ im „Zwischengebiet“. Die Ebene $\mathfrak{E}^2$ ist die $x_1 x_2$-Ebene (Fig. 11). Um die Deformation zu bewirken, fällt man von jedem Punkte des Zwischengebietes das Lot auf $\mathfrak{E}^2$ und läßt auf ihm den Punkt in der Zeit 1 mit konstanter Geschwindigkeit in $\mathfrak{E}^2$ hineinlaufen (eine andersartige Deformation, die dasselbe leistet, werden wir später [S. 35] zu betrachten haben). Bei der Deformation gehen relative Zykeln von $\{J < 0\} + g$ mod $\{J < 0\}$ in relative Zykeln von $\mathfrak{E}^2$ mod $\{\mathfrak{E}^2 - g\}$ über, und homolog abhängige in homolog abhängige. Die Zusammenhangszahlen von $\{J < 0\} + g$ mod $\{J < 0\}$ stimmen daher mit denen von $\mathfrak{E}^2$ mod $\{\mathfrak{E}^2 - g\}$ überein. In $\mathfrak{E}^2$ hat aber J ein isoliertes Maximum im Nullpunkte. Daher ist nach Satz II S. 32 $m^2 = 1$ und alle übrigen Typenzahlen sind $= 0$.

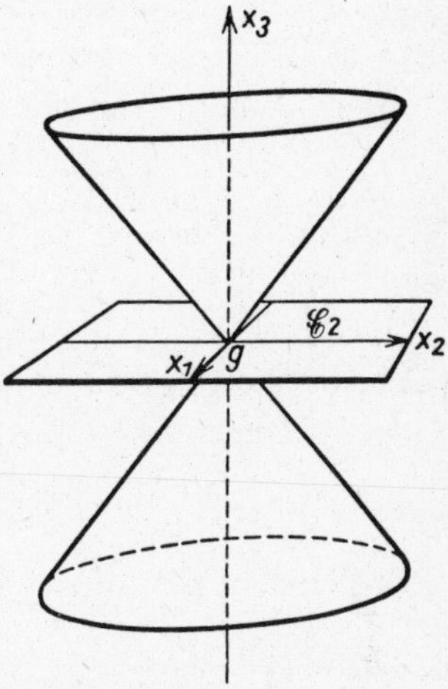

Fig. 11. Stationärer Punkt von $J = -x_1^2 - x_2^2 + x_3^2$.

Der Beweis verläuft in n Dimensionen genau so. Wir geben sogleich das Ergebnis an:

Satz I: *Ist J eine nichtausgeartete quadratische Form vom Trägheitsindex i in n Veränderlichen, so gilt für die Typenzahlen des stationären Nullpunktes*

$$m^k = \delta_i^k \qquad (k = 0, 1, \ldots).$$

Im Falle $i = 0$ liegt ein isoliertes Minimum, im Falle $i = n$ ein isoliertes Maximum vor; der Satz steht also im Einklange mit Satz II S. 32.

Der Satz läßt sich auf die sogenannten nichtausgearteten stationären Punkte beliebiger zweimal stetig differenzierbarer Funktionen J übertragen. Ein stationärer Punkt einer solchen Funktion heißt *nichtausgeartet*, wenn in ihm die Hessesche Determinante

$$\left| \frac{\partial^2 J}{\partial x_\mu \partial x_\nu} \right| \neq 0$$

ist. Die Taylor-Entwicklung in einem nichtausgearteten stationären Punkte g, den wir ohne Beschränkung der Allgemeinheit in den Nullpunkt verlegen und in dem wir $J = 0$ annehmen dürfen, lautet also nach einer passenden Koordinatentransformation

$$J = -x_1^2 - \cdots - x_i^2 + x_{i+1}^2 + \cdots + x_n^2 + \chi(x) = Q(x) + \chi(x).$$

Hierin ist

$$Q(x) = \sum_{\nu=1}^{n} \varepsilon_\nu x_\nu^2$$

der quadratische Teil der Entwicklung. Die Anzahl i der negativen Quadrate in $Q(x)$ heißt der *Trägheitsindex des nichtausgearteten stationären Punktes.* $\chi(x)$ ist eine zweimal stetig differenzierbare Funktion, die im Nullpunkte einschließlich ihrer ersten und zweiten Ableitungen verschwindet.

Es ist daher, wenn wir zur Abkürzung

$$r^2 = \sum_{\nu=1}^{n} x_\nu^2$$

einführen,

$$(1) \qquad \lim_{r \to 0} \frac{1}{r^2} \chi(x) = 0, \quad \lim_{r \to 0} \frac{1}{r} \frac{\partial \chi(x)}{\partial x_\nu} = 0 \qquad (\nu = 1, \ldots, n).$$

Insbesondere folgt hieraus, daß ein nichtausgearteter stationärer Punkt isoliert ist. Denn es ist für $r > 0$

$$\frac{1}{r} \frac{\partial J}{\partial x_\nu} = \frac{1}{r} \cdot 2 \varepsilon_\nu x_\nu + \frac{1}{r} \frac{\partial \chi(x)}{\partial x_\nu}.$$

Das Verschwinden dieses Ausdruckes ist gleichbedeutend mit der Gleichung

$$\frac{2 \varepsilon_\nu x_\nu}{r} = - \frac{1}{r} \frac{\partial \chi(x)}{\partial x_\nu}.$$

Durch Quadrieren und Summieren erhält man

$$4 = \sum_{\nu=1}^{n} \left(\frac{1}{r} \frac{\partial \chi(x)}{\partial x_\nu} \right)^2.$$

Bei genügend kleinem r ist wegen (1) die rechte Seite < 4, so daß die Gleichung für hinreichend kleines r nicht erfüllt ist. Das heißt aber, daß in hinreichender Nähe des Nullpunktes kein weiterer stationärer Punkt liegt.

Um die Typenzahlen des Nullpunktes g zu bestimmen, betrachten wir die Punktmenge $\mathfrak{U}^- + g$, das sind diejenigen Punkte einer sphärischen Umgebung $\mathfrak{U}$ von g, für die $J < 0$ ist, vermehrt um den Punkt g selbst. Wir zeigen, daß es bei hinreichender Kleinheit von $\mathfrak{U}$ eine Deformation gibt, die die Punktmenge $\mathfrak{U}^- + g$ in die i-Hyperebene $x_{i+1} = \cdots = x_n = 0$ hineindeformiert, und zwar so, daß die Hyperebene dabei punktweise fest bleibt und $\mathfrak{U}^- + g$ auf sich deformiert wird. Daraus folgt dann genau wie im Falle der quadratischen Formen der

Satz II: *Die Typenzahlen eines nichtausgearteten stationären Punktes vom Trägheitsindex i sind*

$$m^k = \delta_i^k \qquad (k = 0, 1, \ldots).$$

Um die besagte Deformation zu konstruieren, führen wir die Funktion

$$T = \frac{Q}{r^2} = \frac{\sum \varepsilon_\nu x_\nu^2}{\sum x_\nu^2}$$

ein, die außer im Nullpunkte überall definiert ist und die Werte $-1 \leqq T \leqq +1$ annimmt.

$$T = t \qquad (-1 < t < +1)$$

stellt eine Schar von Hyperkegeln mit der Spitze im Nullpunkte dar, für den Wert $t = 0$ des Scharparameters t insbesondere den Hyperkegel

$$Q(x) = -x_1^2 - \cdots - x_i^2 + x_{i+1}^2 + \cdots + x_n^2 = 0.$$

Wir zeigen zunächst, daß die Fallinien der Funktion T, also die orthogonalen Trajektorien der Hyperkegelschar, Viertelkreise sind, die von einem Punkte der $(n-i)$-Hyperebene $x_1 = \cdots = x_i = 0$ nach einem Punkte der i-Hyperebene $x_{i+1} = \cdots = x_n = 0$ laufen. Ist $\mathfrak{a}$ ein Einheitsvektor der i-Hyperebene und $\mathfrak{b}$ ein Einheitsvektor der $(n-i)$-Hyperebene, so läßt sich jeder Vektor der von $\mathfrak{a}$ und $\mathfrak{b}$ aufgespannten Ebene in der Form $\mathfrak{x} = \alpha\mathfrak{a} + \beta\mathfrak{b}$ darstellen; α und β reelle Zahlen. Der im Endpunkte dieses Vektors angreifende Vektor grad T hat nun die Komponenten

$$\frac{\partial T}{\partial x_a} = -\frac{2(r^2+Q)}{r^4}x_a, \quad (a = 1, \ldots, i) \qquad \frac{\partial T}{\partial x_b} = \frac{2(r^2-Q)}{r^4}x_b \quad (b = i+1, \ldots, n)$$

und liegt somit in der von $\mathfrak{a}$ und $\mathfrak{b}$ aufgespannten Ebene. Da der Gradientenvektor anderseits senkrecht auf dem Hyperkegel $T = \text{const.}$ steht, der durch seinen Anfangspunkt hindurchgeht, so sind die Fallinien zugleich ebene und sphärische Kurven, also Kreise, und zwar offenbar Viertelkreise der angegebenen Art.

Wir nehmen nun ein ε im Intervalle $0 < \varepsilon < 1$ an und wählen die sphärische Umgebung $\mathfrak{U}$ des Nullpunktes g so klein, daß in $\mathfrak{U}$

$$\left|\frac{\chi}{r^2}\right| < \varepsilon$$

ist, was nach (1) möglich ist. Dann gilt in $\mathfrak{U} - g$

$$\text{(2)} \qquad \frac{J}{r^2} = T + \frac{\chi}{r^2} \begin{cases} > 0 & \text{für } T \geqq \varepsilon \\ < 0 & \text{für } T \leqq -\varepsilon. \end{cases}$$

Es liegt somit $\mathfrak{U}^-$ ganz im Gebiete $\{T < \varepsilon\}$. Indem wir $\mathfrak{U}$ nötigenfalls weiter verkleinern, können wir erreichen, daß längs der in $\mathfrak{U}$ verlaufenden Fallinien*) von T für $\varepsilon \geqq T \geqq -\varepsilon$ die Funktion J monoton abnimmt oder, was dasselbe besagt, daß das skalare Produkt

$$\text{(3)} \qquad \operatorname{grad} J \cdot \operatorname{grad} T > 0 \qquad (\varepsilon \geqq T \geqq -\varepsilon)$$

ist. In der Tat ist

$$\operatorname{grad} J \cdot \operatorname{grad} T = \sum_{\nu=1}^{n} \frac{\partial J}{\partial x_\nu}\frac{\partial T}{\partial x_\nu}$$

$$= \sum_{\nu=1}^{n}\left(2\varepsilon_\nu x_\nu + \frac{\partial \chi}{\partial x_\nu}\right)\left(\frac{2\varepsilon_\nu x_\nu}{r^2} - \frac{2Qx_\nu}{r^4}\right)$$

$$= 4 - 4T^2 + 2\sum_{\nu=1}^{n}\frac{1}{r}\frac{\partial\chi}{\partial x_\nu}\cdot\frac{x_\nu}{r}(\varepsilon_\nu - T).$$

---

*) Die Fallinien sind in Richtung abnehmender T-Werte zu durchlaufen.

Nun ist $4 - 4T^2 > 0$ wegen $|T| \leqq \varepsilon < 1$. Das letzte Glied kann aber wegen (1) durch Verkleinerung von $\mathfrak{U}$ absolut beliebig klein gemacht werden, so daß grad $J \cdot$ grad $T > 0$ wird. Hat man $\mathfrak{U}$ dementsprechend gewählt, so gibt es wegen (2) und (3) auf jeder in $\mathfrak{U}$ verlaufenden Fallinie der Funktion T genau einen Punkt, in dem $J = 0$. Vor diesem Punkte ist $J > 0$, hinter ihm $J < 0$. In ihm ist $T < \varepsilon$ wegen (2). Zieht man also die Fallinien von T, bei $T = +\varepsilon$ beginnend und bei $T = -1$ endend, gleichmäßig auf ihre Endpunkte zusammen, so ist dadurch eine Deformation von $\mathfrak{U}^- + g$ von der verlangten Beschaffenheit gegeben. Damit ist der Beweis von Satz II geführt.

§ 9. J-Deformation in der Umgebung eines stationären Punktes.

Wir wenden uns den allgemeinsten isolierten stationären Punkten zu; dazu müssen wir einige Hilfsbetrachtungen anstellen.

1. In jedem Punkte einer offenen Umgebung $\mathfrak{G}$ des stationären Punktes g, den wir wieder als Nullpunkt des euklidischen Raumes $\mathfrak{R}^n$ annehmen und der in $\mathfrak{G}$ der einzige stationäre Punkt sein möge, hat die Funktion J einen bestimmten Gradientenvektor mit den Komponenten

$$J_\nu = \frac{\partial J}{\partial x_\nu} \qquad (\nu = 1, \ldots, n).$$

Diese Vektoren bilden auf $\mathfrak{G}$ ein Vektorfeld, dessen Integralkurven die Lösungen des Differentialgleichungsystems

$$\frac{dx_\nu}{dt} = \frac{J_\nu}{\sum_{\mu=1}^{n} J_\mu^2} \tag{1}$$

sind. Dabei muß man den Punkt g ausschließen, da in ihm und nur in ihm der Nenner der rechten Seite verschwindet.

Die Lösungen von (1) lauten

$$x_\nu = \varphi_\nu(t, x^0). \tag{2}$$

φ_ν ist stetig differenzierbar in allen $n + 1$ Argumenten $t, x_1^0, \ldots, x_n^0$, und es ist

$$x_\nu^0 \equiv \varphi_\nu(0, x^0)$$

der Anfangspunkt unserer Integralkurve. Aus (1) folgt

$$\frac{dJ}{dt} = \sum_{\nu=1}^{n} \frac{\partial J}{\partial x_\nu} \frac{dx_\nu}{dt} = 1,$$

so daß längs einer Integralkurve

$$J - t = \text{const.} = J(x^0)$$

ist. Man kann daher J an Stelle von t als Parameter auf den Integralkurven einführen und erhält aus (2)

$$x_\nu = \varphi_\nu(J - J(x^0), x^0) = \overline{\varphi}_\nu(J, x^0). \tag{3}$$

Wieder ist φ_ν einmal stetig differenzierbar nach seinen $n+1$ Argumenten $J, x_1^0, \ldots, x_n^0$, und es gilt die Identität

$$x_\nu^0 \equiv \overline{\varphi}_\nu(J(x^0), x^0). \tag{3'}$$

Wir nennen die Integralkurven, in Richtung fallender J-Werte durchlaufen, die *Fallinien* unserer Funktion J. Durch jeden Punkt von $\mathfrak{G} - g$ geht genau eine Fallinie hindurch; durch g selbst dagegen geht keine hindurch, weil für den Nullpunkt das System (1) gar nicht definiert ist.

2. Es sei nun p ein von g verschiedener Punkt auf $\mathfrak{G}$. p ist also nichtstationär. Daher gelten die Gleichungen (3) für alle Punkte (x^0) einer gewissen δ-Umgebung des Punktes p und alle Werte von J, die die Ungleichung $|J - J(p)| \leqq \varepsilon$ erfüllen, bei hinreichend kleinem δ und ε. Nun wählen wir auf der Hyperfläche $\{J = J(p)\}$ eine Umgebung $\mathfrak{c}$ des Punktes p, die in der genannten δ-Umgebung von p liegt (in Fig. 12 ist $\mathfrak{c}$ stark ausgezogen worden), ziehen durch alle Punkte von $\mathfrak{c}$ die Fallinien und schneiden auf jeder das *Segment*

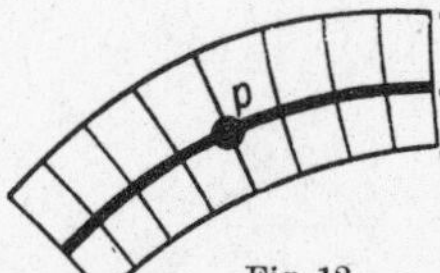

Fig. 12.
Zylinderumgebung eines nichtstationären Punktes.

$$J(p) + \varepsilon \geqq J \geqq J(p) - \varepsilon$$

aus. Die Punktmenge, die aus allen diesen Segmenten besteht, ist eine Umgebung[14] des Punktes p und heißt eine *Zylinderumgebung des nichtstationären Punktes p von der Höhe 2ε.*

3. Wir betrachten nun den stationären Punkt g. Der Einfachheit halber setzen wir $J(g) = 0$. Wir sagen, daß eine Fallinie *in g einmündet*, wenn sie für alle hinreichend kleinen positiven Werte von J definiert ist und wenn auf ihr jede Punktfolge, deren J-Werte absteigend nach 0 konvergieren, nach g konvergiert. Dagegen sagen wir, daß eine Fallinie *von g ausgeht*, wenn sie (nach Umkehrung des Durchlaufungsinnes) als Fallinie der Funktion $-J$ betrachtet, in g einmündet.

Es sei $\mathfrak{U}$ eine offene Umgebung von g, deren abgeschlossene Hülle in $\mathfrak{G}$ liegt. Sei $p \neq g$ ein Punkt von $\mathfrak{U}$. Durch p geht genau eine Fallinie L. Es sind dann nur zwei Fälle möglich: *entweder bleibt L von p an abwärts dauernd in $\mathfrak{U}$; dann mündet L in g — oder L erreicht die Begrenzung von $\mathfrak{U}$ in einem bestimmten Punkte.*

Beweis: Da J auf $\mathfrak{U}$ beschränkt ist, gibt es eine kleinste Zahl α von der Art, daß L für die J-Werte

$$J(p) \geqq J > \alpha$$

definiert ist und in $\mathfrak{U}$ liegt. Es sei nun

$$a_1, a_2, a_3, \ldots \tag{4}$$

eine Folge von Punkten auf L, deren J-Werte absteigend nach α konvergieren. Wir zeigen, daß die Folge (4) konvergiert. Andernfalls gäbe es mindestens zwei Häufungspunkte, deren einer von g verschieden, also ein nichtstationärer Punkt a_0 ist. Unendlich viele Punkte der Folge (4) liegen dann in einer beliebig kleinen Zylinderumgebung von a_0, und zwar auf dem Segmente, das die Zylinderumgebung aus L ausschneidet. Dann müssen aber wegen $\lim J(a_i) = \alpha$ fast alle Punkte der Folge (4) auf diesem Segmente liegen, d. h. die Folge (4) konvergiert entgegen unserer Annahme nach a_0. — Als Grenzpunkt von (4) kommt ein von g verschiedener Punkt auf $\mathfrak{U}$ nicht in Frage, da dann L wegen der Offenheit von $\mathfrak{U}$ auch noch für J-Werte unterhalb α in $\mathfrak{U}$ liegen würde. Der Grenzpunkt von (4) ist also notwendig g oder ein Punkt auf der Begrenzung von $\mathfrak{U}$. — Ein entsprechender Satz gilt für die rückwärts durchlaufene Kurve L.

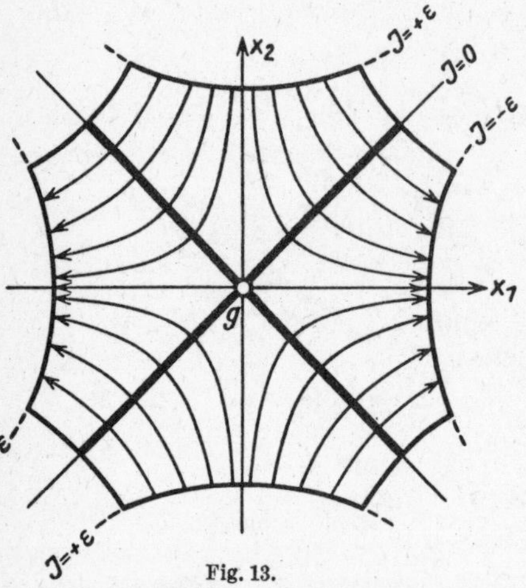

Fig. 13.
Zylinderumgebung eines stationären Punktes; $J = -x_1^2 + x_2^2$.

4. Wir können nunmehr auch für den stationären Punkt g Zylinderumgebungen definieren. Es sei $\mathfrak{c}$ eine Umgebung von g auf $\{J = 0\}$, deren abgeschlossene Hülle noch in $\mathfrak{G}$ liegt; in der Figur 13 ist $\mathfrak{c}$ stark ausgezogen. Es gibt dann ein so kleines positives ε, daß die folgenden Punkte zu $\mathfrak{G}$ gehören[15]:

1. die Punkte $0 < J \leqq \varepsilon$ auf allen in g einmündenden Fallinien,
2. die Punkte $0 > J \geqq -\varepsilon$ auf allen von g ausgehenden Fallinien,
3. die Punkte $+\varepsilon \geqq J \geqq -\varepsilon$ auf allen Fallinien, die durch die von g verschiedenen Punkte von $\mathfrak{c}$ gehen.

Diese Punkte zusammen mit g selbst bilden eine *Zylinderumgebung* $\mathfrak{C}$ *des stationären Punktes* g von der Höhe 2ε. Die Bezeichnung Zylinder**umgebung** ist gerechtfertigt, da $\mathfrak{C}$ in der Tat eine Umgebung von g ist.[16]

5. Wir können nun auf unserer Zylinderumgebung $\mathfrak{C}$ eine Deformation erklären, durch die $\mathfrak{C}$ in die Teilmenge $\{J \leqq 0\}$ von $\mathfrak{C}$ übergeht. Ist p irgendein Punkt von $\mathfrak{C}$ mit $J(p) > 0$, so geht von ihm eine bestimmte Fallinie aus, die nach einem bestimmten Punkte p_1 von $\{J = 0\}$ führt; dann und nur dann, wenn die Fallinie in g einmündet, fällt p_1 mit g zusammen. Wir lassen p auf dieser Fallinie mit konstanter J-Geschwindigkeit in der Zeiteinheit nach p_1 laufen. D. h. zur Zeit τ soll der Punkt p in den Punkt mit dem Parameterwerte $(1 - \tau) J(p)$ der durch p gehenden Fallinie übergegangen sein. Setzen wir noch fest, daß die Punkte $\{J \leqq 0\}$ von $\mathfrak{C}$ ungeändert bleiben, so ist dadurch eine Deformation von $\mathfrak{C}$ in den Durchschnitt $\{J \leqq 0\} \frown \mathfrak{C}$ gegeben.[17]

6. Auf die soeben angegebene Deformation lassen wir jetzt eine weitere Deformation folgen, bei der $\{J \leqq 0\} \frown \mathfrak{C}$ in eine Teilmenge von $\{J < 0\} + g$ übergeht. Zu dem Zwecke betrachten wir das Differentialgleichungssystem

$$\frac{d x_\nu}{d \tau} = - J_\nu(x)(J(x) + \varepsilon); \tag{5}$$

2ε ist dabei die Höhe der Zylinderumgebung $\mathfrak{C}$. Die rechten Seiten von (5) sind in ganz $\mathfrak{G}$ stetig differenzierbar; sie verschwinden alle gleichzeitig nur im Nullpunkte g und auf der Hyperfläche $J(x) = -\varepsilon$. Die Integralkurven des Systemes haben die Gestalt

$$x_\nu = \psi_\nu(\tau, x^0), \tag{6}$$

wobei (x^0) den Punkt $\tau = 0$ der Integralkurve bezeichnet. Ist (x^0) der Nullpunkt g oder ein Punkt der Hyperfläche $J(x) = -\varepsilon$, so ist $x_\nu \equiv x_\nu^0$, die Integralkurve (6) artet also in den Punkt (x^0) aus. Für jeden anderen Punkt (x^0) fällt die Integralkurve mit der durch (x^0) gehenden Fallinie von J zusammen wegen

$$\frac{d x_1}{d \tau} : \frac{d x_2}{d \tau} : \cdots : \frac{d x_n}{d \tau} = J_1 : J_2 : \cdots : J_n.$$

Bezeichnet man nun den Punkt (x^0) mit p und den durch (6) gegebenen Punkt (x) mit p_τ, so ist durch die Zuordnung

$$p \to p_\tau \qquad (0 \leqq \tau \leqq 1)$$

eine Deformation der gewünschten Art gegeben.

7. Wenn wir die Deformation von Absatz 6 auf die von Absatz 5 folgen lassen, so können wir den Satz aussprechen (vgl. § 1 Absatz 10):

Satz: *Jede Zylinderumgebung eines isolierten stationären Punktes g einer zweimal stetig differenzierbaren Funktion J von $x_1, \ldots, x_n$ läßt sich durch eine J-Deformation in eine Teilmenge von $\{J < J(g)\} + g$ überführen; während der Deformation verläßt kein Punkt die Zylinderumgebung, und der Punkt g selbst bleibt fest.*

Scheut man eine etwas ungenaue Ausdrucksweise nicht, so kann man sagen, daß die Zylinderumgebung längs der Fallinien absinkt und nur am stationären Punkte g hängen bleibt.

§ 10. Endlichkeitsatz der Typenzahlen.

In § 8 haben wir die Typenzahlen nichtausgearteter stationärer Punkte aus dem Trägheitsindex der quadratischen Form in der Taylor-Entwicklung abgeleitet. Wenn wir die Beschränkung auf nichtausgeartete Punkte fallen lassen, so versagt dieses Verfahren. Dagegen läßt sich folgender für die Anwendungen wichtige Satz beweisen.

Endlichkeitsatz: *Ist J eine beliebige zweimal stetig differenzierbare Funktion der n Veränderlichen $x_1, \ldots, x_n$ in einer Umgebung des Null-*

punktes g und ist der Nullpunkt ein isolierter stationärer Punkt, so sind seine Typenzahlen endlich; insbesondere sind alle Typenzahlen von m^{n+1} an $= 0$.

Beweis: Es sei $\mathfrak{C}_1$ eine Zylinderumgebung von g, $\mathfrak{U}$ eine in $\mathfrak{C}_1$ liegende (offene) sphärische Umgebung von g und $\mathfrak{C}_2$ eine zweite Zylinderumgebung von g, deren abgeschlossene Hülle zu $\mathfrak{U}$ gehört. $2\,\varepsilon_1$ und $2\,\varepsilon_2$ seien die Höhen von $\mathfrak{C}_1$ und $\mathfrak{C}_2$. Mit $\mathfrak{C}_1^-$, $\mathfrak{U}^-$, $\mathfrak{C}_2^-$ bezeichnen wir die Teilmengen dieser Umgebungen, die unterhalb $J(g) = 0$ liegen. Die Figur 14 betrifft die Funktion $J = -x_1^2 + x_2^2$. Es ist zu zeigen, daß es auf $\mathfrak{C}_1^- + g$ nur endlich viele homolog unabhängige k-Zykeln mod $\mathfrak{C}_1^-$ gibt.

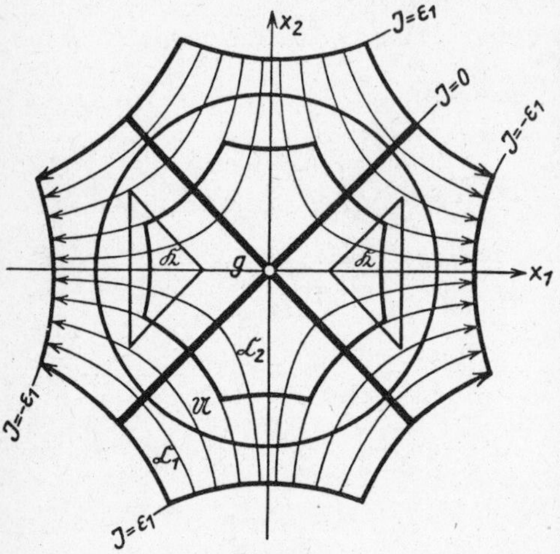

Fig. 14.

Sei $\mathfrak{z}^k$ ein solcher relativer Zykel. Man kann annehmen, daß er sogar in $\mathfrak{C}_2^- + g$ liegt, indem man nötigenfalls durch Unterteilen und Fortlassen der zu g punktfremden Simplexe zu einem homologen relativen Zykel übergeht. Wir ziehen dann von allen Punkten des Randes $\mathfrak{z}^{k-1}$ von $\mathfrak{z}^k$ aus die Falllinien und verfolgen sie bis zu ihrem Schnitte mit $\{J = -\varepsilon_2\}$. Man kann so $\mathfrak{z}^{k-1}$ längs der Fallinien in einen Zykel $'\mathfrak{z}^{k-1}$ auf $\{J = -\varepsilon_2\}$ deformieren. Fügen wir die Verbindungskette, die $\mathfrak{z}^{k-1}$ bei der Deformation überstreicht, zu $\mathfrak{z}^k$ hinzu, so ergibt sich eine auf $\mathfrak{C}_2^- + g$ liegende Kette $'\mathfrak{z}^k$ mit dem Rande $'\mathfrak{z}^{k-1}$ auf $\{J = -\varepsilon_2\}$.

Es sei nun $\mathfrak{K}$ ein in $\mathfrak{U}^-$ liegender endlicher n-dimensionaler Komplex, dem der Durchschnitt $\{J = -\varepsilon_2\} \frown \mathfrak{C}_2$ angehört. Da die abgeschlossene Hülle von $\{J = -\varepsilon_2\} \frown \mathfrak{C}_2$ eine kompakte Teilmenge der offenen Menge $\mathfrak{U}^-$ ist, gibt es einen solchen Komplex. In der Figur besteht $\mathfrak{K}$ aus zwei getrennt liegenden Dreiecksflächen. $'\mathfrak{z}^{k-1}$ liegt dann auf $\mathfrak{K}$. Wir zeigen nun, daß

$$'\mathfrak{z}^k \sim 0 \bmod \mathfrak{C}_1^- \text{ auf } \mathfrak{C}_1^- + g$$

ist, sobald

$$'\mathfrak{z}^{k-1} \sim 0 \quad \text{auf } \mathfrak{K}$$

ist. Da es auf $\mathfrak{K}$ nur endlich viele homolog unabhängige absolute $(k-1)$-Zykeln gibt, so ist damit unser Satz bewiesen.

Es sei also $'\mathfrak{z}^{k-1} \sim 0$ auf $\mathfrak{K}$. Dann gibt es auf $\mathfrak{K}$ eine Kette $\mathfrak{u}^k$ mit dem Rande $'\mathfrak{z}^{k-1}$. $'\mathfrak{z}^k + \mathfrak{u}^k = \mathfrak{Z}^k$ ist ein absoluter Zykel auf $\mathfrak{U}^- + g$. Er ist Rand einer Kette $\mathfrak{Z}^{k+1}$ von $\mathfrak{U}$, die man etwa durch Projektion des Zykels $\mathfrak{Z}^k$ von g aus erhält. $\mathfrak{Z}^{k+1}$ liegt nicht notwendig auf $\mathfrak{C}_1^- + g$. Man kann aber durch Anwendung der J-Deformation des Satzes von § 9 S. 39 $\mathfrak{Z}^{k+1}$ in eine Kette $'\mathfrak{Z}^{k+1}$ auf $\mathfrak{C}_1^- + g$ überführen. Bei dieser Deformation ist $\mathfrak{Z}^k$ selbst in eine

Kette $'\mathfrak{Z}^k$ von $\mathfrak{C}_1^- + g$ deformiert worden. Man hat $\mathfrak{R}\partial'\mathfrak{Z}^{k+1} = '\mathfrak{Z}^k$ und $'\mathfrak{Z}^k \sim \mathfrak{Z}^k$ auf $\mathfrak{C}_1^- + g$, somit $\mathfrak{Z}^k \sim 0$ auf $\mathfrak{C}_1^- + g$ oder $'\mathfrak{z}^k \sim \mathfrak{U}^k$ auf $\mathfrak{C}_1^- + g$, also schließlich $'\mathfrak{z}^k \sim 0$ mod $\mathfrak{C}_1^-$ auf $\mathfrak{C}_1^- + g$, was zu beweisen war. — Da auf $\mathfrak{K}$ jeder Zykel von mindestens n-ter Dimension nullhomolog ist, so ist $\mathfrak{z}^k \sim 0$ mod $\mathfrak{C}_1^-$ auf $\mathfrak{C}_1^- + g$ für $k > n$. Damit ist der Endlichkeitsatz bewiesen.

Aufgabe: Die Funktion

$$J = (-x_1^2 - x_2^2 + x_3^2)(x_1^2 + x_2^2 - \frac{1}{2} x_3^2)$$

hat den Nullpunkt des euklidischen $x_1 x_2 x_3$-Raumes zum isolierten stationären Punkte. Man ermittle die Typenzahlen des Nullpunktes und gebe die homolog unabhängigen relativen 1- und 2-Zykeln an.

III. Kapitel.

Variationsprobleme auf geschlossenen Mannigfaltigkeiten.

Die in den ersten beiden Kapiteln bereitgestellten Hilfsmittel benutzen wir jetzt, um Variationsprobleme im Großen zu behandeln. Obwohl die Methode auf beliebige positive und positiv reguläre[18] Variationsprobleme unter allgemeinen Randbedingungen anwendbar ist, begnügen wir uns, sie an dem typischen Probleme der geodätischen Linien auf geschlossenen Mannigfaltigkeiten darzulegen, und zwar betrachten wir zumeist feste Randpunkte, nur im letzten Paragraphen beliebige Randmannigfaltigkeiten. Wir beweisen Sätze über Existenz und Mindestzahl solcher geodätischer Linien. — Wir beginnen mit einer genauen Formulierung der Aufgabe.

§ 11. Problemstellung.

Eine *(homogene) n-dimensionale Mannigfaltigkeit* $\mathfrak{M}^n$ ist ein Umgebungsraum, dessen jeder Punkt eine topologisch auf das Innere der n-dimensionalen Vollkugel abbildbare Umgebung hat. Hat man jedem Punkte von $\mathfrak{M}^n$ je eine Umgebung zugeordnet, so soll, wie immer man auch die Umgebungen gewählt haben mag, $\mathfrak{M}^n$ stets von endlich vielen dieser Umgebungen überdeckt werden; alsdann nennen wir $\mathfrak{M}^n$ *geschlossen.* — Da jeder Punkt von $\mathfrak{M}^n$ kompakte Umgebungen besitzt, z. B. topologische Bilder von abgeschlossenen Vollkugeln, so ist die geschlossene Mannigfaltigkeit *kompakt,* d. h. jede unendliche Punktmenge besitzt wenigstens einen Häufungspunkt.[19a] — Wir setzen weiter *dreimalige stetige Differenzierbarkeit von* $\mathfrak{M}^n$ voraus. Das besagt: eine passende offene Umgebung eines jeden Punktes P von $\mathfrak{M}^n$ ist topologisch auf lokale Koordinaten $x_1, \ldots, x_n$ derart bezogen, daß zwei solche Koordinatensysteme (x) und (y), die zu zwei Punkten P und Q gehören, soweit sie einander überdecken, durch dreimal stetig differenzierbare Transformationsformeln $y_\nu = \varphi_\nu(x)$ $(\nu = 1, \ldots, n)$ mit nichtverschwindender Funktionaldeterminante zusammenhängen. Es hat dann einen Sinn, auf $\mathfrak{M}^n$ von dreimal stetig differenzierbaren Funktionen zu reden.[19] — Die Mannigfaltigkeit $\mathfrak{M}^n$ machen wir schließlich zu einer *Riemannschen Mannigfaltigkeit* dadurch, daß wir ihr eine Riemannsche Metrik mit dem Linienelemente ds:

$$(1) \qquad ds^2 = \sum_{\mu, \nu = 1}^{n} g_{\mu\nu}(x_1, \ldots, x_n)\, dx_\mu\, dx_\nu$$

aufprägen. Hierin sind die $g_{\mu\nu}(x)$ dreimal stetig differenzierbare Funktionen der lokalen Koordinaten, und die quadratische Form ist positiv definit.

Unsere Aufgabe ist nun, *auf der Riemannschen Mannigfaltigkeit* $\mathfrak{M}^n$ *alle Geodätischen zu finden, die von einem festen Punkte A nach einem festen Punkte B führen.*

Die Lösung des Problems erfordert die Untersuchung des Funktionalraumes Ω aller von A nach B laufenden stückweise glatten Kurven. Ehe diese Untersuchung durchführbar ist, müssen wir uns mit der Riemannschen Mannigfaltigkeit $\mathfrak{M}^n$ selbst näher bekannt machen (§ 12) und den Raum $\hat{\Omega}$ aller stückweise glatten Kurven von $\mathfrak{M}^n$ überhaupt in Betracht ziehen (§ 13).

§ 12. Die Riemannsche Mannigfaltigkeit $\mathfrak{M}^n$.

1. Unter einer *Kurve auf* $\mathfrak{M}^n$ verstehen wir das stetige Bild einer abgeschlossenen *Urbildstrecke* der Zahlengeraden, etwa der Strecke

$$\tau_1 \leqq \tau \leqq \tau_2 \qquad (\tau_1 < \tau_2).$$

Anfangspunkt τ_1 und Endpunkt τ_2 der Urbildstrecke gehen dabei in *Anfangspunkt und Endpunkt der Kurve* über; beide werden auch als *Randpunkte* der Kurve bezeichnet.

Zwei Kurven mit den Urbildstrecken

$$\tau_1 \leqq \tau \leqq \tau_2 \quad \text{und} \quad t_1 \leqq t \leqq t_2$$

werden als *gleich* angesehen, wenn sich die Urbildstrecken topologisch so aufeinander abbilden lassen, daß die Anfangs- und ebenso die Endpunkte ineinander übergehen und daß ineinander abgebildete Punkte denselben Bildpunkt auf $\mathfrak{M}^n$ haben. Es ist dann der Kurvenparameter t eine monoton wachsende Funktion des Kurvenparameters τ und umgekehrt. Wir haben es daher mit gerichteten Kurven zu tun. — Bildet sich die Urbildstrecke in einen einzigen Punkt von $\mathfrak{M}^n$ ab, so erhält man eine sogenannte *Punktkurve.*

2. Wenn sich auf einer Kurve c der Parameter τ ($\tau_1 \leqq \tau \leqq \tau_2$) so wählen läßt, daß in jedem Punkte von c die lokalen Koordinaten $x_1, \ldots, x_n$ stetig differenzierbare Funktionen $x_1(\tau), \ldots, x_n(\tau)$ mit

$$\sum_{\nu=1}^{n} \dot{x}_\nu^2 \neq 0 \qquad \left(\dot{x}_\nu = \frac{d x_\nu}{d\tau}\right)$$

sind, so heißt c *glatt.* Eine Kurve, die sich aus endlich vielen glatten Kurven zusammensetzt, heißt *stückweise glatt.* Außerdem rechnen wir die Punktkurven zu den stückweise glatten Kurven. Auf jeder stückweise glatten Kurve, die keine Punktkurve ist, kann man als Parameter immer die durch

$$(1) \qquad s = s(\tau) = \int_{\tau_1}^{\tau} \sqrt{\sum g_{\mu\nu} \dot{x}_\mu \dot{x}_\nu}\, d\tau$$

gegebene *Bogenlänge* benutzen. Sollte die Kurve nicht ganz von einem lokalen Koordinatensystem überdeckt werden, so zerlege man sie in endlich viele Teile, deren jeder von einem lokalen Koordinatensystem überdeckt wird, und addiere die Integrale über die einzelnen Teile.

Ist

$$J = \int_{\tau_1}^{\tau_2} \sqrt{\sum g_{\mu\nu} \dot{x}_\mu \dot{x}_\nu}\, d\tau$$

die Länge der Kurve, so verstehen wir unter der *reduzierten Bogenlänge* den Parameter $\frac{s}{J}$. Die reduzierte Bogenlänge ist also der wirklichen Bogenlänge proportional und wächst bei Durchlaufung der Kurve von 0 bis 1. Wir werden bei stückweise glatten Kurven stets die reduzierte Bogenlänge als Parameter benutzen; wir bezeichnen sie meist mit t. Es hat dann einen Sinn, von *entsprechenden Punkten* zweier stückweise glatten Kurven a und b zu sprechen; es sind das Punkte, denen die gleiche reduzierte Bogenlänge zukommt. In dem Ausnahmefall, daß a eine Punktkurve ist, entspricht diesem Punkte jeder Punkt von b.

3. Unter der *Entfernung*

$$\varrho(P, Q)$$

zweier Punkte P und Q auf $\mathfrak{M}^n$ verstehen wir die untere Grenze der Längen aller stückweise glatten Verbindungskurven von P und Q. Dabei interessiert es uns nicht, ob — was tatsächlich der Fall ist — die untere Grenze wirklich angenommen wird.

Durch diese Entfernungsdefinition werden in der Menge der Punkte von $\mathfrak{M}^n$ unabhängig von den bereits vorhandenen „topologischen" Umgebungen neue Umgebungen definiert, nämlich durch die Festsetzung: Umgebung eines Punktes P ist eine Punktmenge dann und nur dann, wenn es ein so kleines δ (>0) gibt, daß alle Punkte Q, deren Entfernung $\varrho(P, Q)$ von P kleiner als δ ist, ihr angehören. Wir wollen diese Umgebungen vorübergehend metrische Umgebungen nennen.

Es ist leicht einzusehen, daß *die metrischen Umgebungen mit den topologischen Umgebungen übereinstimmen.* Wir wählen zu einem vorgegebenen Punkte P auf $\mathfrak{M}^n$ ein lokales Koordinatensystem, in dem P die Koordinaten $(x) = 0$ hat, und grenzen darauf eine ε-Kugel $\mathfrak{K}$ ab, das ist die Menge aller Punkte, für die $x_1^2 + \cdots + x_n^2 \leqq \varepsilon^2$ ist. Wir setzen natürlich voraus, daß ε so klein ist, daß die ε-Kugel ganz im Gültigkeitsbereiche der lokalen Koordinaten liegt. Es gibt dann, da die quadratische Form $\sum g_{\mu\nu} \dot{x}_\mu \dot{x}_\nu$ positiv definit ist, zwei positive Zahlen m und M, derart, daß

$$m \leqq \sqrt{\sum g_{\mu\nu} \dot{x}_\mu \dot{x}_\nu} \leqq M \tag{2}$$

ist für alle (x) der ε-Kugel und alle Vektoren $(\dot{x}_1, \ldots, \dot{x}_n)$ mit $\dot{x}_1^2 + \cdots + \dot{x}_n^2 = 1$. Wir betrachten nun alle Punkte (x), für die

$$\sqrt{x_1^2 + \cdots + x_n^2} < \alpha \tag{3}$$

ist, α eine vorgegebene positive Zahl $< \varepsilon$. Diese bilden eine topologische Umgebung. Für einen nicht zu ihr gehörigen Punkt Q auf $\mathfrak{M}^n$ ist dann wegen (2)

$$\varrho(P, Q) \geqq \alpha m.$$

Somit gehören alle Punkte Q mit

$$(4) \qquad \alpha m > \varrho(P, Q)$$

zu (3). Durch (4) ist aber eine metrische Umgebung definiert, die in der vorgegebenen topologischen Umgebung (3) enthalten ist. — Sei umgekehrt die aus allen Punkten Q mit

$$(5) \qquad \varrho(P, Q) < \beta$$

bestehende metrische Umgebung von P vorgegeben. Zu ihr gehören sicher alle Punkte Q der ε-Kugel $\mathfrak{K}$ mit Koordinaten (x), für die gilt

$$(6) \qquad \sqrt{x_1^2 + \cdots + x_n^2} < \frac{\beta}{M}.$$

Denn verbindet man P durch die im x-System geradlinige Strecke mit Q, so ist deren Länge höchstens

$$M\sqrt{x_1^2 + \cdots + x_n^2} < \beta.$$

Das besagt aber: in der metrischen Umgebung (5) liegt die topologische Umgebung (6). Da nun definitionsgemäß mit jeder Umgebung von P auch jede sie umfassende Menge eine Umgebung von P ist, so gilt: Jede metrische Umgebung ist zugleich eine topologische Umgebung und umgekehrt.

Hieraus folgt weiter: es ist $\varrho(P, Q) = 0$ dann und nur dann, wenn $P = Q$ ist. Da überdies offenbar das Symmetrieaxiom $\varrho(P, Q) = \varrho(Q, P)$ und das Dreiecksaxiom $\varrho(P, Q) + \varrho(Q, R) \geqq \varrho(P, R)$ erfüllt ist, so können wir zusammenfassend sagen: *Durch die Entfernungsdefinition ist die Mannigfaltigkeit $\mathfrak{M}^n$ metrisiert, also zu einem metrischen Raume gemacht worden.*

§ 13. Der Funktionalraum Ω.

1. Nun ist es nicht etwa die soeben metrisierte Mannigfaltigkeit $\mathfrak{M}^n$, die im folgenden die Rolle des Umgebungsraumes Ω des I. Kapitels spielen wird, sondern Räume, deren „Punkte" Kurven von $\mathfrak{M}^n$ sind, werden diese Rolle übernehmen. Wir konstruieren zunächst den Raum $\hat{\Omega}$, dessen Punkte die sämtlichen stückweise glatten Kurven von $\mathfrak{M}^n$ sind. Die Menge dieser Kurven wird zum metrischen Raume (S. 14) durch die Festsetzung:

Die Entfernung $\varrho(a, b)$ zweier stückweise glatten Kurven a und b von $\mathfrak{M}^n$ ist das Maximum der Entfernung entsprechender Punkte von a und b, vermehrt um den absoluten Betrag der Längendifferenz von a und b. Da in dem metrischen Raume $\mathfrak{M}^n$ die Entfernung $\varrho(P, Q)$ zweier Punkte eine stetige Funktion der beiden Punkte ist, so gibt es ein solches Maximum. Wir verwenden das Zeichen $\varrho(a, b)$ für die Entfernung in jedem beliebigen metrischen Raume, also sowohl für $\mathfrak{M}^n$ als für $\hat{\Omega}$.

2. Bei dieser Festsetzung sind Identitäts- und Symmetrieaxiom offenbar erfüllt. Das Dreiecksaxiom

$$\varrho(a, b) + \varrho(b, c) \geqq \varrho(a, c)$$

folgt so: Man nehme auf a und c zwei entsprechende Punkte A und C mit möglichst großer Entfernung. B sei der entsprechende Punkt auf b. Falls etwa a und c Punktkurven sein sollten, so ist B ein beliebiger Punkt von b. Dann gilt, wenn wir die Länge einer Kurve a mit $J(a)$ bezeichnen,

$$\begin{aligned} \varrho(a, c) &= \varrho(A, C) + |J(a) - J(c)| \\ &\leqq \varrho(A, B) + \varrho(B, C) + |J(a) - J(b)| + |J(b) - J(c)| \\ &\leqq \varrho(a, b) + \varrho(b, c). \end{aligned}$$

$\hat{\Omega}$ ist also durch die Entfernungsdefinition in der Tat zum metrischen Raume geworden.

Beispiel: $\mathfrak{M}^n$ sei die durch einen unendlich fernen Punkt zur Kugelfläche geschlossene xy-Ebene. Wir betrachten die Folge der Kurven

$$y = \frac{1}{k} \sin k x \qquad (k = 1, 2, \ldots; \ 0 \leqq x \leqq 2\pi)$$

(Fig. 15). Wenn k gegen ∞ strebt, konvergieren Amplitude und Wellenlänge dieser Sinuslinien nach 0, und die Kurven schmiegen sich immer enger der Strecke $0 \leqq x$

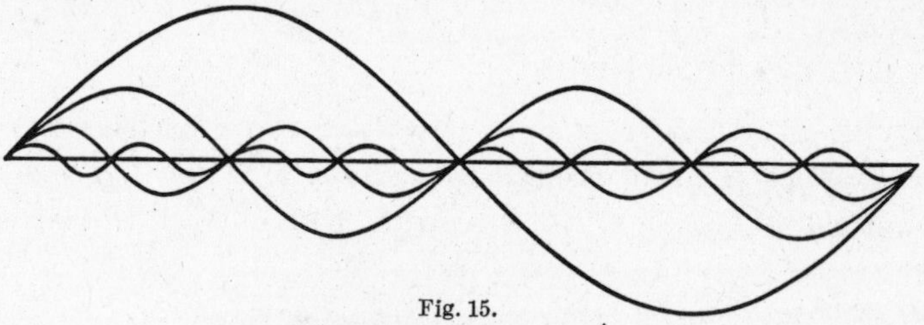

Fig. 15.
Divergente Kurvenfolge in $\hat{\Omega}$.

$\leqq 2\pi$ der x-Achse an. Trotzdem konvergiert die Kurvenfolge nicht nach dieser Strecke im Sinne unserer Entfernungsdefinition, da die konstante Länge der Kurven $> 2\pi$ ist und also nicht nach der Länge 2π der Strecke konvergiert; vielmehr hat die Folge in $\hat{\Omega}$ keinen Häufungspunkt.

3. Wir stellen nun über den Raum $\hat{\Omega}$ eine Reihe von Hilfssätzen auf, die wir später benutzen müssen. Es handelt sich immer, auch wo es nicht ausdrücklich gesagt ist, um stückweise glatte Kurven, auf denen wir die reduzierte Bogenlänge als Parameter t benutzen. Jeder Kurve a kommt eine bestimmte Länge $J(a)$ zu; damit ist auf $\hat{\Omega}$ eine Funktion, die *Längenfunktion* $J(a)$ definiert.

Die Länge $J(a)$ einer stückweise glatten Kurve a ist eine stetige Funktion von a. Sind nämlich zwei Kurven a und b um weniger als ε entfernt, so unterscheiden sich ihre Längen erst recht um weniger als ε.

$J(a)$ wäre keine stetige Funktion der Kurve a (sondern nur unterhalbstetig), wenn wir die absolute Längendifferenz nicht in die Entfernungsdefinition aufgenommen hätten. Die Kurvenfolge des obigen Beispiels wäre nämlich dann konvergent, aber die Folge der Kurvenlängen würde nicht nach der Länge der Grenzkurve konvergieren.

4. *$C(c, t)$ sei der Punkt auf der Kurve c mit dem Parameterwerte t; dann hängt $C(c, t)$ stetig von c und t ab.* Hierbei ist also c ein Punkt von $\hat{\Omega}$, t ein Punkt des Intervalles $0 \leqq t \leqq 1$ der Zahlengeraden und $C(c, t)$ ein Punkt auf $\mathfrak{M}^n$; vgl. die Definition der stetigen Funktionen in § 1 Absatz 4.

Beweis: c_0 sei eine feste Kurve und t_0 ein fester Parameterwert, C_0 sei der Punkt $C_0 = C(c_0, t_0)$. Ist ein positives ε vorgegeben, so kann man ein positives δ so finden, daß alle Punkte von c_0, für die

$$|t - t_0| < \delta$$

ist, von C_0 eine Entfernung $< \frac{\varepsilon}{2}$ haben. Ferner sei c eine Kurve mit

$$\varrho(c, c_0) < \frac{\varepsilon}{2}.$$

Dann hat man, weil auf $\mathfrak{M}^n$ das Dreiecksaxiom gilt,

$$\varrho(C(c, t), C(c_0, t_0)) \leqq \varrho(C(c, t), C(c_0, t)) + \varrho(C(c_0, t), C(c_0, t_0))$$
$$< \frac{\varepsilon}{2} + \frac{\varepsilon}{2},$$

was zu beweisen war.

5. Sind a und b zwei stückweise glatte Kurven und fällt der Endpunkt von a mit dem Anfangspunkte von b zusammen, so ist durch die Nacheinanderdurchlaufung von a und b eine stückweise glatte Kurve $a + b$, die *Summe der Kurven a und b* gegeben. Ist a (bzw. b) eine Punktkurve, so ist $a + b = b$ (bzw. a).

$a + b$ hängt stetig von a und b ab.

Beweis: Wir betrachten neben a und b zwei benachbarte Kurven a' und b' (der Endpunkt von a' falle mit dem Anfangspunkte von b' zusammen) und setzen $c = a + b$, $c' = a' + b'$. Es sei

$$\varrho(a, a') < \varepsilon, \qquad \varrho(b, b') < \varepsilon \qquad (\varepsilon > 0).$$

Wir müssen dann eine Abschätzung für $\varrho(c, c')$ finden. Besteht nun c aus einem Punkte, so ist offenbar $\varrho(c, c') < 3\varepsilon$. Besteht c nicht aus einem Punkte, so entsprechen den Teilkurven a und b von c die Teilkurven a_1' und b_1' auf c' (Fig. 16).

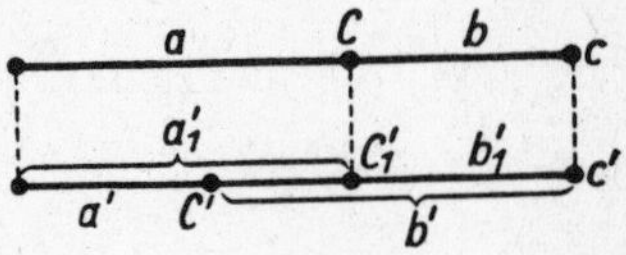

Fig. 16.

C, C', C_1' seien die Endpunkte von a, a', a_1'. Wegen $J(a_1') : J(b_1') = J(a) : J(b)$ ist die Länge des Bogens von c' zwischen C' und C_1' gleich

$$|J(a_1') - J(a')| = \left| \frac{J(a') + J(b')}{J(a) + J(b)} J(a) - J(a') \right|$$
$$= \left| \frac{J(a)[J(b') - J(b)] + J(b)[J(a) - J(a')]}{J(a) + J(b)} \right|$$
$$< \frac{J(a)\varepsilon + J(b)\varepsilon}{J(a) + J(b)} = \varepsilon.$$

Daher haben entsprechende Punkte von a' und a_1' und ebenso solche von b' und b_1' eine Entfernung $< \varepsilon$. Denn die Länge des Bogens zwischen entsprechenden Punkten von a' und a_1' ist höchstens gleich der Länge des Bogens zwischen C' und C_1', da die Kurven a' und a_1' durch eine lineare

Beziehung einander entsprechen. Erst recht gilt also diese Größenbeziehung für die Entfernung entsprechender Punkte. Da aber nach Voraussetzung entsprechende Punkte von a' und a eine Entfernung $< \varepsilon$ haben, so haben entsprechende Punkte von a und a_1' (und ebenso solche von b und b_1'), das heißt aber entsprechende Punkte von c und c', eine Entfernung $< 2\varepsilon$. Da sich die Längen von c und c' um weniger als 2ε unterscheiden, so ist schließlich

$$\varrho(c, c') < 4\varepsilon.$$

Diese Größe strebt aber mit ε gegen 0.

6. Es sei wieder c eine stückweise glatte Kurve mit dem Parameter t (reduzierte Bogenlänge). Wir wählen zwei den Ungleichungen

$$0 \leqq \alpha \leqq \beta \leqq 1$$

genügende Zahlen α und β. Läßt man den Parameter t dann nur das Intervall $\alpha \leqq t \leqq \beta$ durchlaufen, so erhält man eine *Teilkurve* von c, die wiederum stückweise glatt ist und mit c_α^β bezeichnet wird.

c_α^β hängt stetig von c, α und β ab.

Beweis: Wir betrachten eine benachbarte Kurve c' und auf ihr eine Teilkurve $c'^{\beta'}_{\alpha'}$. Es sei

$$\varrho(c, c') < \varepsilon, \qquad |\alpha - \alpha'| < \varepsilon, \qquad |\beta - \beta'| < \varepsilon.$$

Wir müssen dann die Entfernung der Kurven c_α^β und $c'^{\beta'}_{\alpha'}$ abschätzen. Wir vergleichen beide Kurven mit der Kurve $c^{\beta'}_{\alpha'}$ (Fig. 17). Zunächst folgt aus $\varrho(c, c') < \varepsilon$ die Ungleichung

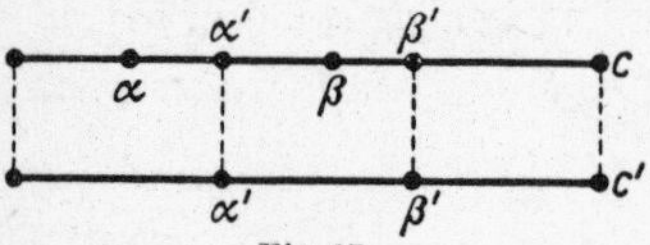

Fig. 17.

$$(1) \qquad \varrho(c^{\beta'}_{\alpha'}, c'^{\beta'}_{\alpha'}) < \varepsilon,$$

da entsprechende Punkte von $c^{\beta'}_{\alpha'}$ und $c'^{\beta'}_{\alpha'}$ zugleich entsprechende Punkte von c und c' sind und weil

$$|J(c^{\beta'}_{\alpha'}) - J(c'^{\beta'}_{\alpha'})| = |\alpha' - \beta'|\,|J(c) - J(c')| \leqq |J(c) - J(c')|$$

ist. Ferner ist der Teilbogen zwischen entsprechenden Punkten der beiden Kurven c_α^β und $c^{\beta'}_{\alpha'}$ kleiner oder höchstens gleich dem größeren der beiden Teilbögen zwischen α und α' bzw. zwischen β und β', also

$$\leqq \max\,[|\alpha - \alpha'|\,J(c),\ |\beta - \beta'|\,J(c)] < \varepsilon J(c).$$

Dieselbe Ungleichung gilt dann erst recht für die Entfernung entsprechender Punkte der Kurven c_α^β und $c^{\beta'}_{\alpha'}$. Schließlich ist der Betrag der Differenz der Längen dieser Kurven gleich $|(\beta - \alpha) - (\beta' - \alpha')|\,J(c) < 2\varepsilon J(c)$; daher

$$(2) \qquad \varrho(c_\alpha^\beta, c^{\beta'}_{\alpha'}) < 3\varepsilon J(c).$$

Aus (1) und (2) folgt

$$\varrho(c_\alpha^\beta, c'^{\beta'}_{\alpha'}) < \varepsilon + 3\varepsilon J(c),$$

eine Größe, die mit ε nach 0 geht.

7. Von besonderer Bedeutung sind unter den glatten Kurven die Geodätischen auf der Riemannschen Mannigfaltigkeit $\mathfrak{M}^n$. Wir entnehmen der Variationsrechnung nachstehende Tatsachen.[20]

Es gibt eine positive Zahl d mit folgenden Eigenschaften:

I. *Jede Geodätische von einer Länge* $\leqq d$ *ist kürzer als alle andern stückweise glatten Verbindungskurven ihrer Randpunkte.*

II. *Je zwei Punkte P und Q von* $\mathfrak{M}^n$, *für die die Entfernung* $\varrho(P, Q) \leqq d$ *ist, lassen sich durch eine Geodätische der Länge* $\varrho(P, Q)$ *verbinden; wegen* I *gibt es genau eine solche Geodätische.*

III. *Es sei* $\varrho(P, Q) \leqq d$ *und c der unter* II *genannte geodätische Verbindungsbogen. Ist dann t die reduzierte Bogenlänge auf c und* $C(c, t)$ *der Punkt von c mit dem Parameter t, so sind die lokalen Koordinaten von C zweimal stetig differenzierbare Funktionen der lokalen Koordinaten von P und Q und des Parameters t.*

IV. *Die Länge von c ist eine stetige und für* $P \neq Q$ *sogar zweimal stetig differenzierbare Funktion der lokalen Koordinaten der Randpunkte P und Q.*

Wir wählen nun eine bestimmte Zahl d, die die Eigenschaften I—IV besitzt, für unsere Riemannsche Mannigfaltigkeit $\mathfrak{M}^n$ ein für allemal fest aus und nennen sie die *Elementarlänge.* Wir nennen ferner eine Geodätische von einer Länge $\leqq d$ eine *Elementarstrecke;* sie ist nach I durch ihre Randpunkte eindeutig bestimmt. Ferner folgt aus III und IV:

V. *Eine Elementarstrecke hängt stetig von ihren Randpunkten ab.*

Unter einem *Elementarpolygone* verstehen wir eine Folge von endlich vielen Elementarstrecken, wobei der Endpunkt einer jeden (außer der letzten) mit dem Anfangspunkte der folgenden übereinstimmt. Auch Elementarstrecken der Länge 0 sind dabei zugelassen. — Es kann sein, daß zwei verschiedene Elementarpolygone denselben Punkt in $\hat{\Omega}$ bestimmen, z. B. kann man aus ein und derselben Geodätischen beliebig viele Elementarpolygone herstellen, indem man sie auf verschiedene Weisen in Elementarstrecken einteilt. Die Elementarstrecken, aus denen sich das Elementarpolygon zusammensetzt, heißen seine *Seiten,* die Randpunkte der Seiten seine *Ecken.*

8. Ist a eine stückweise glatte Kurve von einer Länge $\leqq d$, so verstehen wir unter der *Sehne von a,*

$$s(a),$$

die Elementarstrecke, die vom Anfangspunkt von a nach dem Endpunkt von a geht. Da die Randpunkte von a stetig von a abhängen und die Elementarstrecke stetig von ihren Randpunkten (nach V), so gilt:

Die Sehne $s(a)$ *hängt stetig von der stückweise glatten Kurve a ab.* Sehne und Kurve sind dabei als Punkte von $\hat{\Omega}$ aufzufassen.

9. Sei

(3) $$a', a'', \ldots, a^{(i)}, \ldots$$

eine unendliche Folge stückweise glatter Kurven, deren jede eine Länge $\leqq d$ hat. Die Folge der Sehnen

(3') $$s(a'), s(a''), \ldots, s(a^{(i)}), \ldots$$

sei konvergent:

(4) $$\lim_{i \to \infty} s(a^{(i)}) = \bar{a};$$

ferner sei auch die Folge der Längen konvergent, und zwar sei

(5) $$\lim_{i \to \infty} J(a^{(i)}) = J(\bar{a});$$

dann konvergiert auch die Folge der Kurven (3), und es ist

(6) $$\lim_{i \to \infty} a^{(i)} = \bar{a}.$$

Beweis: Die Anfangspunkte der Kurven $\bar{a}, a', a'', \ldots$ seien $\bar{A}, A', A'',$ $\ldots$ und ihre Endpunkte $\bar{B}, B', B'', \ldots$. $\bar{a}$ ist die durch $\bar{A}$ und $\bar{B}$ eindeutig bestimmte Elementarstrecke. Ist $\bar{A} = \bar{B}$, also $\bar{a}$ eine Punktkurve, so ist die Behauptung klar. Ist $\bar{A} \neq \bar{B}$, so müssen wir zeigen, daß es zu jedem vorgegebenen $\varepsilon > 0$ eine natürliche Zahl $j(\varepsilon)$ gibt, so daß für alle $i > j(\varepsilon)$ entsprechende Punkte von $a^{(i)}$ und $\bar{a}$ eine Entfernung $< \varepsilon$ haben. Wäre das nicht richtig, so könnte man für beliebig großes i einen Punkt $\bar{P}^{(i)}$ auf $\bar{a}$ wählen, der von dem entsprechenden Punkte $P^{(i)}$ auf $a^{(i)}$ eine Entfernung $\geqq \varepsilon$ hat. Man kann annehmen, indem man nötigenfalls eine Teilfolge*) auswählt, daß die Folge $P', P'', \ldots$ nach einem Punkte Q, die Folge $\bar{P}', \bar{P}'', \ldots$ nach einem Punkte $\bar{Q}$ konvergiert; $\bar{Q}$ liegt auf der Elementarstrecke $\bar{a}$, und es ist $\varrho(Q, \bar{Q}) \geqq \varepsilon$. Dann muß aber auch Q auf $\bar{a}$ liegen, da sonst $\lim J(a^{(i)})$ $\geqq \lim\left(\varrho(A^{(i)}, P^{(i)}) + \varrho(P^{(i)}, B^{(i)})\right) = \varrho(\bar{A}, Q) + \varrho(Q, \bar{B}) > \varrho(\bar{A}, \bar{B}) = J(\bar{a})$ wäre, im Widerspruch zu (5). Liege also etwa Q auf der Teilstrecke $\bar{Q}\bar{B}$ von $\bar{a}$. Sei ferner $t^{(i)}$ der Parameter von $\bar{P}^{(i)}$ auf $\bar{a}$, also zugleich der Parameter von $P^{(i)}$ auf $a^{(i)}$, $\bar{t}$ der von $\bar{Q}$ auf $\bar{a}$. Dann hat man wegen $\lim \bar{P}^{(i)} = \bar{Q}$: $\lim t^{(i)} = \bar{t}$. Die Länge des Teilbogens $A^{(i)}P^{(i)}$ von $a^{(i)}$ ist

$$t^{(i)} J(a^{(i)}) \geqq \varrho(A^{(i)}, P^{(i)}).$$

Also findet man durch Grenzübergang unter Benutzung von (5):

$$\begin{aligned} \bar{t}\, J(\bar{a}) \geqq \varrho(\bar{A}, Q) &= \varrho(\bar{A}, \bar{Q}) + \varrho(\bar{Q}, Q) \\ &\geqq \bar{t}\, \varrho(\bar{A}, \bar{B}) + \varepsilon = \bar{t}\, J(\bar{a}) + \varepsilon; \end{aligned}$$

somit ergibt sich der Widerspruch $0 \geqq \varepsilon$.

Entsprechend schließt man, wenn Q auf dem Teilbogen $\bar{A}\bar{Q}$ von $\bar{a}$ liegt.

10. Unter einer *J-Deformation einer Menge von stückweise glatten Kurven auf* $\mathfrak{M}^n$ verstehen wir eine J-Deformation der entsprechenden Punktmenge

*) Wir bezeichnen die Teilfolge von (3) wieder mit $a', a'', \ldots$; die Relationen (4), (5), (6) bleiben dann richtig.

von $\hat{\Omega}$ (vgl. § 1 Absatz 12). Die Funktion J ist dabei natürlich immer die Kurvenlänge.

Wir werden später solche J-Deformationen immer nach der folgenden Methode konstruieren: es sei c eine stückweise glatte Kurve auf $\mathfrak{M}^n$, die nicht länger als die Elementarlänge d ist. Wir ersetzen dann den Teilbogen von c zwischen den Punkten mit den Parameterwerten $t = 0$ und $t = \tau$ durch die diese Punkte verbindende Elementarstrecke, während wir den Teilbogen von c zwischen $t = \tau$ und $t = 1$ beibehalten. So entsteht aus c die Kurve*) c_τ. In Fig. 18 ist c_τ stark ausgezogen. Für $\tau = 0$ erhält man c selbst, für $\tau = 1$ die Sehne $s(c)$. Läßt man nun τ stetig von 0 bis 1 wachsen, so erfährt dabei c eine J-Deformation in die Sehne $s(c)$. Daß es sich tatsächlich um eine Deformation handelt, daß also die Kurve c_τ stetig von c und τ abhängt, folgt nach Absatz 5, 6 und 8 aus der Formel

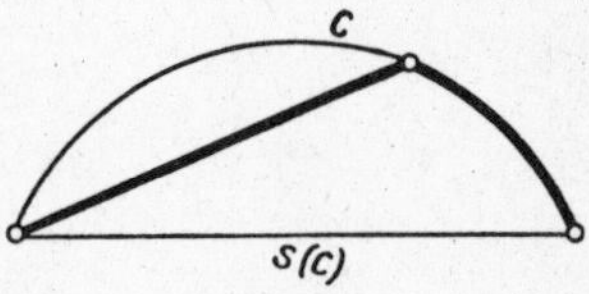

Fig. 18.

$$c_\tau = s(c_0^\tau) + c_\tau^1 \qquad (0 \leqq \tau \leqq 1).$$

Die Deformation ist eine J-Deformation, d. h. es ist $J(c_{\tau_1}) \geqq J(c_{\tau_2})$ für $\tau_1 < \tau_2$, denn die Sehne $s(c_0^{\tau_2})$ ist zugleich Sehne in der Kurve c_{τ_1} und damit sicher nicht länger als der Bogen von c_{τ_1}, in den diese Sehne eingespannt ist.

11. Wir kehren jetzt zu dem Variationsproblem des § 11 zurück: Auf $\mathfrak{M}^n$ alle Geodätischen von A nach B zu finden. Um die Methoden des Kapitels I verwenden zu können, führen wir den *Funktionalraum* Ω aller von A nach B laufenden stückweise glatten Kurven ein, wobei die Entfernung zweier solcher Kurven wie in $\hat{\Omega}$ erklärt ist als Maximum der Entfernung entsprechender Punkte plus absoluter Betrag der Differenz der Längen. Ω ist also eine Teilmenge des Raumes $\hat{\Omega}$ aller stückweise glatten Kurven überhaupt und damit selbst ein metrischer Raum. Die Kurvenlänge J ist eine stetige Funktion auf Ω.

§ 14. Typenzahlen einer isolierten Geodätischen.

1. Unter einem *stationären Punkte im Funktionalraume* Ω verstehen wir einen Punkt, der einer von A nach B führenden Geodätischen auf $\mathfrak{M}^n$ entspricht. Unter einem *stationären Werte* verstehen wir einen Wert, den die Längenfunktion J in einem stationären Punkte annimmt, also die Länge einer geodätischen Verbindungskurve von A und B. Wenn es zu einem stationären Punkte g eine Umgebung auf Ω gibt, in der g der einzige stationäre Punkt ist, so heißt g ein *isolierter stationärer Punkt auf* Ω, und die entsprechende Geodätische auf $\mathfrak{M}^n$, die wir ebenfalls mit g bezeichnen, heißt eine *isolierte Geodätische von A nach B.*

---

*) Das Symbol c_τ ist nicht mit dem Symbole c_τ^1 zu verwechseln (vgl. S. 48).

2. Für die isolierten stationären Punkte von Ω lassen sich die Typenzahlen wörtlich ebenso definieren wie in euklidischen Räumen (§ 7). Man nimmt eine Umgebung $\mathfrak{G}$ von g in Ω und bezeichnet mit $\mathfrak{G}^-$ die Teilmenge aller Punkte von $\mathfrak{G}$, in denen die Längenfunktion $J < J(g)$ ist. Dann ist die k-te Typenzahl von g erklärt als die k-te Zusammenhangszahl von $\mathfrak{G}^- \dotplus g$ mod $\mathfrak{G}^-$. Diese Definition ist unabhängig von der Wahl der Umgebung $\mathfrak{G}$, was man ebenso wie in § 7 beweist. Für $\mathfrak{G}$ können wir insbesondere ganz Ω wählen; dann wird

$$\mathfrak{G}^- = \Omega^- = \{J < J(g)\}.$$

Auch überträgt sich unmittelbar die Ableitung der Typenzahlen eines isolierten relativen Minimums von § 7 S. 31; sie sind

$$m^0 = 1, \text{ alle übrigen } = 0.$$

3. Wir geben nun ein Verfahren zur Berechnung der Typenzahlen einer isolierten Geodätischen g von A nach B an. Wir dürfen annehmen, daß g keine Punktkurve ist, da die Länge einer Punktkurve $= 0$, also ein absolutes Minimum wäre, die Typenzahlen sich also nach dem vorigen Absatze berechneten. Zu dem Zwecke wählen wir zwischen dem Anfangspunkte A und dem Endpunkte B $r - 1$ weitere Punkte auf g, sogenannte *Zwischenpunkte*

$$U_1, \ldots, U_{r-1}, \tag{1}$$

die in der angegebenen Reihenfolge auf g liegen, und zwar so, daß die r Teilbögen, in die g durch sie zerfällt, kürzer als die Elementarlänge d, aber keine Punktkurven sind. Durch jeden der Zwischenpunkte U_ϱ ($\varrho = 1, \ldots, r-1$) legen wir eine $(n-1)$-dimensionale Hyperfläche, die zweimal stetig differenzierbar in $\mathfrak{M}^n$ liegt und von g im Zwischenpunkte U_ϱ unter einem von Null verschiedenen Winkel durchsetzt wird. Sind

$$x_{\varrho 1}, \ldots, x_{\varrho n} \tag{2}$$

lokale Koordinaten auf $\mathfrak{M}^n$ im Punkte U_ϱ, so möge die Hyperfläche durch die Parameterdarstellung gegeben sein

$$x_{\varrho\nu} = \varphi_{\varrho\nu}(u_{\varrho 1}, \ldots, u_{\varrho, n-1}) \quad (\varrho = 1, \ldots, r-1;\ \nu = 1, \ldots, n); \tag{3}$$

die Funktionen $\varphi_{\varrho\nu}$ sind zweimal stetig differenzierbar und die Funktionalmatrix

$$\left(\frac{\partial \varphi_{\varrho\nu}}{\partial u_{\varrho\mu}}\right)$$

hat den Rang $n - 1$. $u_{\varrho 1}, \ldots, u_{\varrho, n-1}$ sind also Gaußsche Koordinaten auf der Hyperfläche, deren Nullpunkt wir im Punkte U_ϱ annehmen.

4. Nun wählen wir ein bestimmtes ε so klein, daß durch die Ungleichungen

$$\sum_{\mu=1}^{n-1} u_{\varrho\mu}^2 \leqq \varepsilon^2 \qquad (\varrho = 1, \ldots, r-1) \tag{4}$$

Elemente (topologische Bilder von Vollkugeln) der Dimension $n - 1$ auf den Hyperflächen ausgeschnitten werden, die wir

$$\mathfrak{U}_1^{n-1}, \ldots, \mathfrak{U}_{r-1}^{n-1} \tag{5}$$

nennen. ε sei ferner so klein, daß erstens aufeinanderfolgende der „Elemente"

$$(6) \qquad A, \mathfrak{U}_1^{n-1}, \ldots, \mathfrak{U}_{r-1}^{n-1}, B$$

punktfremd sind*), daß zweitens je zwei Punkte aufeinanderfolgender Elemente sich durch eine Elementarstrecke verbinden lassen und daß drittens diese Elementarstrecke nur ihre Randpunkte mit den beiden Elementen gemeinsam hat.[21] $\mathfrak{U}_1^{n-1}, \ldots, \mathfrak{U}_{r-1}^{n-1}$, bezeichnen wir gelegentlich auch als (abgeschlossene, berandete) *Zwischenmannigfaltigkeiten.*

5. Wählt man in jedem der $(r+1)$ Elemente (6) einen Punkt und verbindet aufeinanderfolgende Punkte durch Elementarstrecken, so entsteht ein Elementarpolygon. Die sämtlichen Elementarpolygone, die man auf diese Weise erhält, bilden in Ω eine Punktmenge $\mathfrak{P}$, die offenbar den Punkt g enthält.

$\mathfrak{P}$ ist homöomorph dem topologischen Produkte

$$(7) \qquad \mathfrak{U}_1^{n-1} \times \cdots \times \mathfrak{U}_{r-1}^{n-1},$$

das ein Element im $(r-1)(n-1)$-dimensionalen Zahlenraume ist (Seifert-Threlfall, Topologie, 1934, S. 55). In der Tat bestimmt ein Punkt dieses Produktes mit den Koordinaten

$$u_{11}, \ldots, u_{1,n-1}; \ldots\ldots; u_{r-1,1}, \ldots, u_{r-1,n-1}$$

ein Elementarpolygon und somit einen Punkt von $\mathfrak{P}$. Diese Abbildung des topologischen Produktes auf $\mathfrak{P}$ ist stetig nach § 13 Absatz 5 und 7. Sie ist überdies eineindeutig, da eine Elementarstrecke, die zwei aufeinanderfolgende Elemente (6) verbindet, nur ihre Randpunkte mit den Elementen gemeinsam hat. Wegen der Kompaktheit des topologischen Produktes ist dann auch die reziproke Abbildung stetig, also topologisch (nach Satz V S. 35 des eben angeführten Topologiebuches).

6. Es gilt nun der

Satz I: *Bezeichnet $\mathfrak{P}^-$ die Menge der Punkte des topologischen Produktes $\mathfrak{P}$, in denen $J < J(g)$ ist, so stimmen die Zusammenhangszahlen von $\mathfrak{P}^- + g$ mod $\mathfrak{P}^-$ mit den Zusammenhangszahlen von $\Omega^- + g$ mod Ω^- überein, also nach Absatz 2 mit den Typenzahlen von g.*

Mit diesem Satze ist offenbar die Bestimmung der Typenzahlen von g zurückgeführt auf die der Typenzahlen eines isolierten stationären Punktes einer Funktion J von endlich vielen Veränderlichen (II. Kapitel). In der Tat ist im topologischen Produkte $\mathfrak{P}$ die Funktion J zweimal stetig differenzierbar nach ihren $(r-1)(n-1)$ Veränderlichen $u_{11}, \ldots, u_{r-1,n-1}$, nach § 13 Absatz 7, und der Nullpunkt ist ein isolierter stationärer Punkt von J auf $\mathfrak{P}$ im Sinne von § 7.[22] Seine Typenzahlen sind aber nach Definition (§ 7) gerade die Zusammenhangszahlen von $\mathfrak{P}^- + g$ mod $\mathfrak{P}^-$.

*) A und B sind nulldimensionale Elemente.

Aus dem Endlichkeitsatze der Typenzahlen (§ 10) folgt also jetzt weiter der wichtige

Satz II: *Die Typenzahlen einer isolierten Geodätischen von A nach B sind alle endlich und nur endlich viele sind von Null verschieden.*

7. Wir gehen nun an den Beweis des Satzes I. Er folgt aus dem

Satz III (Deformationssatz): *Ist* $\mathfrak{G}$ *eine hinreichend kleine Umgebung von* g *in* Ω, *so gibt es eine J-Deformation von* $\mathfrak{G}$, *die* $\mathfrak{G}$ *in eine Teilmenge von* $\mathfrak{P}$ *so überführt, daß der Durchschnitt* $\mathfrak{G} \frown \mathfrak{P}$ *punktweise festbleibt.**)

Beweis: Zu den Zwischenpunkten $U_1, \ldots, U_{r-1}$ lassen sich n-dimensionale Umgebungen in $\mathfrak{M}^n$

(8) $$\mathfrak{u}_1, \ldots, \mathfrak{u}_{r-1}$$

von der folgenden Beschaffenheit wählen[23]:

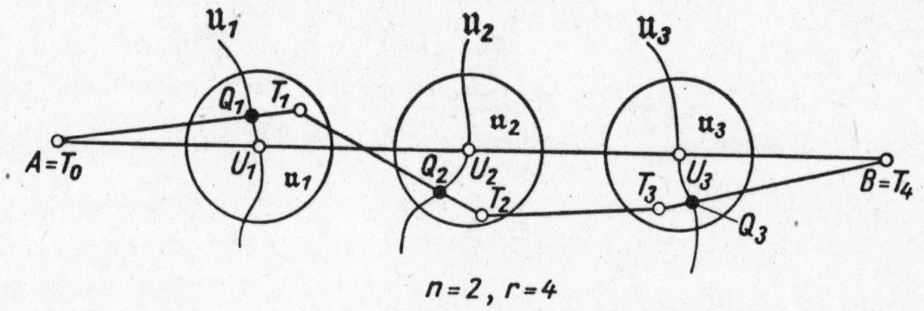

Fig. 19.

I. Sind (Fig. 19) $T_1, \ldots, T_{r-1}$ beliebige Punkte in diesen Umgebungen, so haben aufeinanderfolgende Punkte der Reihe

(9) $$T_0 = A,\ T_1, \ldots, T_{r-1},\ T_r = B$$

eine Entfernung, die > 0 und $< d$ ist, lassen sich also durch Elementarstrecken verbinden. Diese Punkte bestimmen daher ein Elementarpolygon.

II. Der Bogen dieses Elementarpolygons zwischen $T_{\varrho-1}$ und $T_{\varrho+1}$, der aus zwei Elementarstrecken besteht, schneidet die Zwischenmannigfaltigkeit $\mathfrak{U}_\varrho^{n-1}$ in genau einem Punkte Q_ϱ; Q_ϱ hängt stetig ab von den Punkten $T_{\varrho-1}$, T_ϱ, $T_{\varrho+1}$.

III. Auf unserem Elementarpolygone haben die Teilbögen

(10) $$T_0 Q_1,\ Q_1 Q_2, \ldots, Q_{r-2} Q_{r-1},\ Q_{r-1} T_r$$

alle höchstens die Elementarlänge d.

---

*) Der Satz gilt auch für den im Beweise ausgeschlossenen Fall, daß g eine Punktkurve ist ($A = B$), wenn man nur unter der Punktmenge $\mathfrak{P}$ den Punkt g von Ω versteht. Der Satz sagt dann aus, daß man eine hinreichend kleine Umgebung $\mathfrak{G}$ von g in den Punkt g durch eine J-Deformation zusammenziehen kann. Dies leistet z. B. eine einmalige Anwendung des Verfahrens von § 13 Absatz 10 auf alle stückweise glatten von A nach B laufenden Kurven der Länge $\leqq d$.

8. Nach diesen Vorbereitungen wenden wir uns zum eigentlichen Beweise von Satz III. Es sei p ein beliebiger Punkt auf $\mathfrak{P}$. Ihm entspricht auf $\mathfrak{M}^n$ ein Elementarpolygon, dessen r Seiten gewisse Längen

(11) $$\lambda_1(p), \ldots, \lambda_r(p)$$

haben. Diese Längen sind nach § 13 Absatz 7 IV r stetige Funktionen auf $\mathfrak{P}$. Da überdies aufeinanderfolgende Elemente der Reihe (6) punktfremd sind, so ist $\lambda_1 \neq 0, \ldots, \lambda_r \neq 0$. Ist nun $\tilde{\mathfrak{S}}$ eine beliebige Umgebung von g in Ω, so ist der Durchschnitt $\tilde{\mathfrak{S}} \cap \mathfrak{P}$ wegen der Kompaktheit von $\mathfrak{P}$ abgeschlossen in $\tilde{\mathfrak{S}}$.[19a] Man kann daher die auf $\tilde{\mathfrak{S}} \cap \mathfrak{P}$ definierten Funktionen $\lambda_1, \ldots, \lambda_r$ zu stetigen Funktionen auf $\tilde{\mathfrak{S}}$ erweitern, und zwar so, daß der Wertevorrat von $\lambda_1, \ldots, \lambda_r$ auf ganz $\tilde{\mathfrak{S}}$ derselbe ist wie in $\tilde{\mathfrak{S}} \cap \mathfrak{P}$[24]; insbesondere sind alle $\lambda_\varrho \neq 0$ auch in $\tilde{\mathfrak{S}}$.

9. Wir teilen nun die einem beliebigen Punkte c von $\tilde{\mathfrak{S}}$ entsprechende stückweise glatte Kurve auf $\mathfrak{M}^n$ im Verhältnis

$$\lambda_1(c) : \lambda_2(c) : \ldots : \lambda_r(c).$$

Dem ϱ-ten Teilpunkte $T_\varrho(c)$ ($\varrho = 0, 1, \ldots, r$) kommt dann der Parameterwert (reduzierte Bogenlänge)

$$t_\varrho(c) = \frac{\lambda_1(c) + \cdots + \lambda_\varrho(c)}{\lambda_1(c) + \cdots + \lambda_r(c)}$$

zu (Fig. 20). Da $\lambda_1, \ldots, \lambda_r$ nach Konstruktion stetig von c abhängen, gilt Gleiches von $t_\varrho(c)$ und nach § 13 Absatz 4 auch von $T_\varrho(c)$. Da $T_\varrho(g) = U_\varrho$ ist ($\varrho = 1, \ldots, r-1$), gibt es also in Ω eine in $\tilde{\mathfrak{S}}$ enthaltene Umgebung $\mathfrak{S}$ von g derart, daß $T_\varrho(c)$ in $\mathfrak{u}_\varrho$ liegt, falls c zu $\mathfrak{S}$ gehört. — Ferner kann

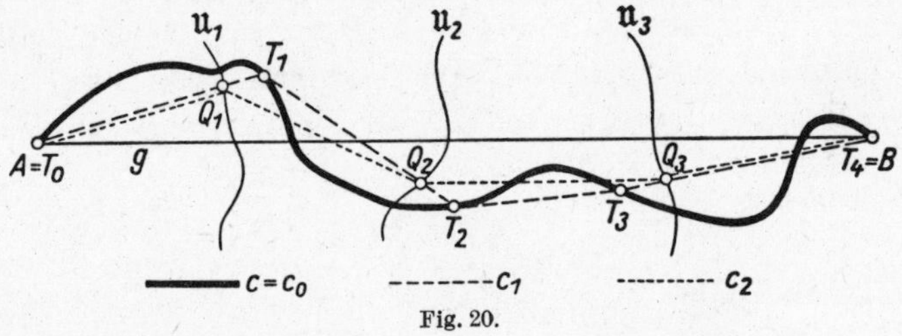

Fig. 20.

man $\mathfrak{S}$ so klein voraussetzen, daß die Teilbögen $T_0 T_1, \ldots, T_{r-1} T_r$ von c alle kürzer als die Elementarlänge d sind, denn die Länge

$$\frac{\lambda_\varrho(c)}{\lambda_1(c) + \cdots + \lambda_r(c)} J(c)$$

des ϱ-ten Teilbogens ($\varrho = 1, \ldots, r$) ist eine stetige Funktion von c, deren Wert für $c = g$ nach Voraussetzung kleiner als d ist.

10. Für diese Umgebung $\mathfrak{S}$ konstruieren wir jetzt die Deformation des Satzes III in zwei Schritten, bei denen der Deformationsparameter τ nacheinander die Intervalle $0 \leqq \tau \leqq 1$ und $1 \leqq \tau \leqq 2$ durchlaufen möge. c_τ bezeichnet den Punkt, in den ein beliebiger Punkt c von $\mathfrak{G}$ zur Zeit τ übergegangen ist.

I. Schritt: Die dem Punkte $c (= c_0)$ von $\mathfrak{G}$ entsprechende stückweise glatte Kurve c wird in das Elementarpolygon c_1 mit den Ecken

$$T_0(c) = A,\; T_1(c), \ldots, T_{r-1}(c),\; T_r(c) = B$$

deformiert, indem man das Verfahren von § 13 Absatz 10 auf die einzelnen Teilbögen von c anwendet. $T_0(c), \ldots, T_r(c)$ sind die in Absatz 9 eingeführten Teilpunkte.

II. Schritt: Der Bogen von c_1 zwischen den Punkten $T_{\varrho-1}(c)$ und $T_{\varrho+1}(c)$ $(\varrho = 1, \ldots, r-1)$ schneidet die Zwischenmannigfaltigkeit $\mathfrak{U}_\varrho^{n-1}$ nach der Bemerkung II von Absatz 7 in einem Punkte $Q_\varrho(c)$. Wir wenden nun auf die Teilbögen

$$(12) \qquad T_0(c)\,Q_1(c),\; Q_1(c)\,Q_2(c), \ldots, Q_{r-1}(c)\,T_r(c)$$

(Fig. 20) von c_1 wiederum die Deformation von § 13 Absatz 10 gleichzeitig an. Dadurch geht c_1 in das Elementarpolygon c_2 über.

11. Nachdem so der Punkt c_τ für jedes c aus $\mathfrak{G}$ und für jedes τ des Intervalls $0 \leqq \tau \leqq 2$ definiert ist, zeigen wir, daß eine Deformation von $\mathfrak{G}$ vorliegt, das heißt, daß c_τ stetig von c und τ abhängt. Für $0 \leqq \tau \leqq 1$ folgt das aus § 13 Absatz 10 zusammen mit der Tatsache, daß die Teilbögen $c_{t_{\varrho-1}(c)}^{t_\varrho(c)}$ stetig von c abhängen (§ 13 Absatz 6) und daß die Summe endlich vieler Kurven stetig von den Summanden abhängt (§ 13 Absatz 5). — Entsprechend schließt man für das Intervall $1 \leqq \tau \leqq 2$. Man hat nur zu bemerken, daß die Teilbögen (12) stetig von c abhängen. Denn jeder solche Teilbogen ist entweder selbst eine Elementarstrecke oder er setzt sich aus zwei oder höchstens drei Elementarstrecken zusammen, wie Figur 20 zeigt. Die Randpunkte dieser Elementarstrecken sind unter den Punkten

$$T_0(c), \ldots, T_r(c);\; Q_1(c), \ldots, Q_{r-1}(c)$$

zu finden. Da die Punkte $T_\varrho(c)$ und nach Bemerkung II von Absatz 7 auch die Punkte $Q_\varrho(c)$ stetig von c abhängen, so gilt Gleiches von den Elementarstrecken (nach § 13 Absatz 7) und von den Summen aus zweien oder dreien von ihnen.

12. In der Deformation von $c (= c_0)$ über c_1 in c_2 haben wir die gewünschte Deformation des Satzes III konstruiert. Denn c_2 liegt auf $\mathfrak{P}$, und wenn c von vornherein auf $\mathfrak{P}$ lag, so bleibt es bei der Deformation ungeändert, da dann die Punkte $T_1, \ldots, T_{r-1}$ auf den Zwischenmannigfaltigkeiten liegen und also mit $Q_1, \ldots, Q_{r-1}$ zusammenfallen. Damit ist Satz III bewiesen.

13. Wir folgern nun aus ihm Satz I.

$\mathfrak{S}$ sei die Umgebung des Satzes III. Wir bezeichnen relative k-Zykeln von $\Omega^- + g$ mod Ω^- mit $\mathfrak{o}^k$, relative k-Zykeln von $\mathfrak{P}^- + g$ mod $\mathfrak{P}^-$ mit $\mathfrak{p}^k$. Dann ist wie beim Beweise des Satzes I von § 7 folgendes zu zeigen:

I. Zu jedem relativen Zykel $\mathfrak{o}^k$ gibt es einen relativen Zykel $\mathfrak{p}^k$, der die Homologie erfüllt

$$\mathfrak{o}^k \sim \mathfrak{p}^k \bmod \Omega^- \qquad \text{auf } \Omega^- + g.$$

Man nehme eine so feine Unterteilung $\dot{\mathfrak{o}}^k$ von $\mathfrak{o}^k$, daß die durch g gehenden k-Simplexe von $\dot{\mathfrak{o}}^k$ einen in $\mathfrak{S}$ liegenden relativen Zykel ${}'\dot{\mathfrak{o}}^k$ ausmachen. Durch Anwendung des Deformationssatzes III geht ${}'\dot{\mathfrak{o}}^k$ in den gewünschten relativen Zykel $\mathfrak{p}^k$ über.

II. Aus

$$\mathfrak{p}^k \sim 0 \bmod \Omega^- \qquad \text{auf } \Omega^- + g$$

folgt, daß auch schon

$$\mathfrak{p}^k \sim 0 \bmod \mathfrak{P}^- \qquad \text{auf } \mathfrak{P}^- + g$$

ist. Es gibt nämlich auf $\Omega^- + g$ eine Kette $\mathfrak{x}^{k+1}$ mit

$$\mathfrak{R}\partial\, \mathfrak{x}^{k+1} = \mathfrak{p}^k \qquad \bmod \Omega^-.$$

Man nehme dann eine so feine Unterteilung $\dot{\mathfrak{x}}^{k+1}$ von $\mathfrak{x}^{k+1}$, daß die durch g gehenden $(k+1)$-Simplexe von $\dot{\mathfrak{x}}^{k+1}$ eine in $\mathfrak{S}$ liegende Kette ${}'\dot{\mathfrak{x}}^{k+1}$ ausmachen. Durch diese Unterteilung ist zugleich eine Unterteilung $\dot{\mathfrak{p}}^k$ von $\mathfrak{p}^k$ entstanden. Behält man in $\dot{\mathfrak{p}}^k$ nur die durch g gehenden k-Simplexe bei, so entsteht ein relativer Zykel ${}'\dot{\mathfrak{p}}^k$, für den gilt

$$(13) \qquad {}'\dot{\mathfrak{p}}^k = \dot{\mathfrak{p}}^k \bmod \mathfrak{P}^-$$

und

$$\mathfrak{R}\partial\, {}'\dot{\mathfrak{x}}^{k+1} = {}'\dot{\mathfrak{p}}^k \bmod \mathfrak{S}^-.$$

Wendet man nun auf ${}'\dot{\mathfrak{x}}^{k+1}$ die Deformation des Satzes III an, so geht ${}'\dot{\mathfrak{x}}^{k+1}$ in eine Kette von $\mathfrak{P}^- + g$ über, während ${}'\dot{\mathfrak{p}}^k$ ungeändert bleibt. Man erhält also

$${}'\dot{\mathfrak{p}}^k \sim 0 \bmod \mathfrak{P}^- \qquad \text{auf } \mathfrak{P}^- + g$$

und zusammen mit (13) und wegen § 3 Absatz 4

$$\mathfrak{p}^k \sim 0 \bmod \mathfrak{P}^- \qquad \text{auf } \mathfrak{P}^- + g,$$

was zu beweisen war.

14. Wir ziehen aus dem Deformationssatze eine Folgerung.

Satz IV: *Zu jedem isolierten stationären Punkte g des Funktionalraumes Ω und zu jedem hinreichend kleinen positiven ε gibt es eine J-Deformation von Ω, die außerhalb der 2ε-Umgebung $\mathfrak{U}_{2\varepsilon}(g \mid \Omega)$ die Identität ist und die die ε-Umgebung $\mathfrak{U}_\varepsilon(g \mid \Omega)$ in eine Teilmenge von $\{J < J(g)\} + g$ überführt.*

Beweis: $\mathfrak{P}$ und $\mathfrak{S}$ mögen dieselbe Bedeutung haben wie im Deformationssatze. Auf $\mathfrak{P}$ ist J eine zweimal stetig differenzierbare Funktion mit dem isolierten stationären Punkte g. Es sei $\mathfrak{C}$ eine Zylinderumgebung von g in $\mathfrak{P}$.

Man kann dann ε so klein wählen, daß die 2ε-Umgebung $\mathfrak{U}_{2\varepsilon}(g \mid \Omega)$ erstens in $\mathfrak{G}$ liegt und zweitens bei der Deformation des Satzes III in eine Teilmenge von $\mathfrak{C}$ hineindeformiert wird. Läßt man nun auf diese Deformation von $\mathfrak{U}_{2\varepsilon}(g \mid \Omega)$ die im Satze des § 9 angegebene Deformation der Zylinderumgebung folgen, so hat man damit eine J-Deformation von $\mathfrak{U}_{2\varepsilon}(g \mid \Omega)$ in eine Teilmenge von $\{J < J(g)\} + g$ konstruiert (§ 1 Absatz 10). Wir wollen diese Deformation durch die Formel

$$(14) \qquad p \rightarrow p_\tau \qquad (0 \leqq \tau \leqq 1)$$

bezeichnen, in der der Punkt p auf $\mathfrak{U}_{2\varepsilon}$ variiert und τ der Deformationsparameter ist. Die gewünschte J-Deformation des Satzes IV von ganz Ω erhält man, wenn man die Deformation (14) auf die ε-Umgebung $\mathfrak{U}_\varepsilon(g \mid \Omega)$ anwendet und sie nach außen hin zur Identität abklingen läßt; in Formeln (§ 1 Absatz 11)

$$p \rightarrow p_\tau \qquad \text{für} \quad 0 \leqq \varrho(p, g) \leqq \varepsilon$$

$$p \rightarrow p_{2\tau\left(1-\frac{\varrho}{2\varepsilon}\right)} \qquad \text{für} \quad \varepsilon \leqq \varrho(p, g) \leqq 2\varepsilon$$

$$p \rightarrow p \qquad \text{für} \quad 2\varepsilon \leqq \varrho(p, g).$$

Damit ist Satz IV bewiesen.

§ 15. Beispiele von Typenzahlen (n-Sphäre).

1. Beispiel: *Kugelfläche.*

Wir betrachten das Variationsproblem der geodätischen Linien auf der Einheitskugelfläche

$$u_1^2 + u_2^2 + u_3^2 = 1$$

des euklidischen Raumes $\mathfrak{R}^3$ mit den kartesischen Koordinaten u_1, u_2, u_3. Die festen Randpunkte A und B seien zwei Punkte mit der sphärischen Entfernung

$$\varrho(A, B) = \tfrac{1}{2}\pi,$$

etwa

$$A = (0, 0, 1), \qquad B = (0, 1, 0).$$

Die geodätischen Verbindungsbögen von A und B, deren Typenzahlen wir bestimmen wollen, sind Großkreisbögen der Längen

$$\tfrac{1}{2}\pi, \ \tfrac{3}{2}\pi, \ \tfrac{5}{2}\pi, \cdots.$$

Dazu müssen wir zunächst die Elementarlänge d auf der Kugelfläche festsetzen. Wir können für sie offenbar irgendeine positive Zahl wählen, die $< \pi$ ist, und entscheiden uns für eine Zahl zwischen $\frac{\pi}{2}$ und π.

1. Methode: Wir beginnen mit dem Bogen g_0 der Länge $\frac{\pi}{2}$. Da g_0 die kürzeste Verbindungskurve zwischen A und B überhaupt ist, so ist der ihr entsprechende Punkt des Funktionalraumes Ω ein Minimalpunkt der Längenfunktion J. Folglich sind seine Typenzahlen

$$m^0 = 1, \text{ alle übrigen } = 0 \qquad (g_0).$$

Wir gehen zum nächsten geodätischen Verbindungsbogen g_1 der Länge $\frac{3}{2}\pi$ über. Um Zwischenmannigfaltigkeiten einzuführen, teilen wir g_1 in drei gleiche Teile je von der Länge $\frac{1}{2}\pi$ durch die Zwischenpunkte U_1 und U_2. Als (eindimensionale) Zwischenmannigfaltigkeiten $\mathfrak{U}_1$ und $\mathfrak{U}_2$ wählen wir Stücke von Großkreisbögen, die in U_1 und U_2 senkrecht auf g_1 stehen, und als Gaußsche Koordinate u_{11} auf $\mathfrak{U}_1$ die kartesische Koordinate u_1, die wir auch als Gaußsche Koordinate u_{21} von $\mathfrak{U}_2$ benutzen. Nun betrachten wir auf $\mathfrak{U}_1$ und $\mathfrak{U}_2$ je einen Punkt mit den Koordinaten u_{11} und u_{21}. Durch diese beiden Punkte ist ein von A nach B führendes Elementarpolygon von drei Seiten bestimmt, dessen Länge $J(u_{11}, u_{21})$ den Wert hat

$$\begin{aligned} J(u_{11}, u_{21}) &= \pi + \arccos(u_{11} \cdot u_{21}) \\ &= \tfrac{3}{2}\pi - u_{11}u_{21} + \text{Glieder mindestens 3. Ordnung.} \end{aligned}$$

Die Funktion J hat daher für $u_{11} = u_{21} = 0$ einen nichtausgearteten stationären Punkt vom Trägheitsindex 1. Somit sind die Typenzahlen

$$m^1 = 1, \quad \text{alle übrigen} = 0 \qquad (g_1).$$

Wir wenden uns nun zum allgemeinen Falle. g_l sei die geodätische Verbindungslinie der Länge $\frac{2l+1}{2}\pi$. Wieder wählen wir auf g_l $2l$ Zwischenpunkte $U_1, \ldots, U_{2l}$, die g_l in $2l+1$ Bögen der Länge $\frac{\pi}{2}$ zerlegen, und benutzen als Zwischenmannigfaltigkeiten $\mathfrak{U}_1, \ldots, \mathfrak{U}_{2l}$ Stücke von zu g_l senkrechten Großkreisbögen, in denen wir $u_{11} = u_1, \ldots, u_{2l,1} = u_1$ zu Gaußschen Koordinaten machen. Dann wird die Länge der durch $2l$ Punkte dieser Zwischenmannigfaltigkeiten bestimmten gebrochenen geodätischen Verbindungslinie von A und B:

$$\begin{aligned} J(u_{11}, \ldots, u_{2l,1}) &= \pi + \arccos(u_{11}u_{21}) + \arccos(u_{21}u_{31}) \\ &\quad + \cdots + \arccos u_{2l-1,1}u_{2l,1} \\ &= \frac{2l+1}{2}\pi - u_{11}u_{21} - \cdots - u_{2l-1,1}u_{2l,1} + \text{Glieder} \\ &\qquad \text{von mindestens 3. Ordnung.} \end{aligned}$$

Die quadratischen Glieder machen jetzt eine nichtausgeartete quadratische Form vom Trägheitsindex l aus. Daher sind die Typenzahlen

$$m^l = 1, \text{ alle übrigen} = 0 \qquad (g_l).$$

2. Methode: Wir geben noch ein zweites Verfahren zur Bestimmung der Typenzahlen an, das wir von Morse übernehmen*); es kommt ganz ohne Rechnung aus.

Wir betrachten sogleich die geodätische Verbindungslinie g_l der Länge $\frac{2l+1}{2}\pi$. A' sei der Diametralpunkt von A. Wir wählen l Konstanten e_λ $(\lambda = 1, \ldots, l)$, die die Ungleichungen erfüllen

$$0 < e_1 < \cdots < e_l < \tfrac{1}{2}\pi.$$

*) Calculus of variations in the large (New York 1934) p. 244.

$\mathring{\mathfrak{U}}_\lambda$ sei der Kreis auf unserer Kugelfläche mit dem sphärischen Radius e_λ und dem Mittelpunkte A' oder A, je nachdem λ ungerade oder gerade ist. Durchläuft man g_l von A bis B, so sei U_λ der erste Punkt, in dem g_l den Kreis $\mathring{\mathfrak{U}}_\lambda$ trifft. Die Bögen, in die g_l durch die Zwischenpunkte U_λ zerfällt, haben dann die Längen

$$(1) \qquad \pi - e_1,\ \pi - (e_2 - e_1),\ \ldots,\ \pi - (e_l - e_{l-1}),\ \tfrac{1}{2}\pi + e_l.$$

Da diese Längen alle $< \pi$ sind, kann man die Punkte U_λ als Zwischenpunkte auf g_l benutzen. Als Zwischenmannigfaltigkeit $\mathfrak{U}_\lambda$ verwenden wir eine hinreichend kleine Umgebung von U_λ auf dem Kreise $\mathring{\mathfrak{U}}_\lambda$. Figur 21 zeigt den Fall $l = 2$.

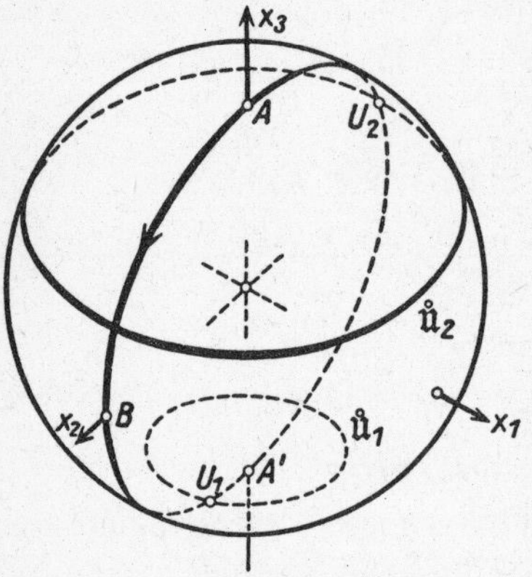

Fig. 21.

Wählt man nun auf jedem Kreise $\mathring{\mathfrak{U}}_\lambda$ einen Punkt P_λ, so ist dadurch ein Elementarpolygon mit den Ecken

$$(2) \qquad A,\ P_1,\ \ldots,\ P_l,\ B$$

bestimmt. Seine Seiten sind der Reihe nach höchstens so lang wie die entsprechenden Ausdrücke (1). Daher ist die Länge des Elementarpolygons (2) $\leqq \frac{2l+1}{2}\pi$. Das Gleichheitszeichen tritt nur dann ein, wenn $P_1 = U_1, \ldots, P_l = U_l$ ist, was man erkennt, wenn man das Elementarpolygon rückwärts durchläuft. Die Funktion J hat also auf dem in Ω liegenden topologischen Produkte

$$\mathfrak{P} = \mathfrak{U}_1 \times \cdots \times \mathfrak{U}_l$$

(das ein Element des l-dimensionalen Zahlenraumes ist) ein isoliertes Maximum im Punkte g_l. Daraus folgt nach § 7 Satz II, daß die l-te Typenzahl von $g_l = 1$ ist, während alle anderen verschwinden.

Als einen nichtnullhomologen relativen l-Zykel von $\left\{J < \frac{2l+1}{2}\pi\right\} + g_l$ kann man das irgendwie triangulierte topologische Produkt $\mathfrak{P}$ selbst nehmen. Man sieht überdies, daß *jeder relative Zykel ergänzbar ist* im Sinne von § 6 S. 26. Die Ergänzung des angegebenen l-Zykels ist das stetige Bild des topologischen Produktes

$$\mathring{\mathfrak{P}} = \mathring{\mathfrak{U}}_1 \times \cdots \times \mathring{\mathfrak{U}}_l$$

(von l Kreisen) in Ω, eine Bemerkung, aus der wir später Nutzen ziehen werden.

2. Beispiel: *n-Sphäre.*

Das eben benutzte Verfahren läßt sich ohne wesentliche Änderung auf das Variationsproblem der geodätischen Linien zwischen festen Randpunkten der Einheits-n-Sphäre ausdehnen. An Stelle der Kreise $\mathring{\mathfrak{U}}_\lambda$ treten dann $(n-1)$-dimensionale Sphären. Das topologische Produkt $\mathfrak{P}$ der Umgebungsmannigfaltigkeiten erhält also die Dimensionen $l(n-1)$. Die Typenzahlen der geodätischen Verbindungslinie g_l der Länge $\frac{2l+1}{2}\pi$ sind daher

$$m^{l(n-1)} = 1, \quad \text{alle anderen} = 0.$$

Wir halten es nicht für überflüssig, das Ergebnis durch Ausdehnung auch der 1. Methode des 1. Beispieles auf n Dimensionen zu bestätigen.

Die Gleichung der n-Sphäre des $(n+1)$-dimensionalen euklidischen Raumes sei

$$u_1^2 + \cdots + u_{n+1}^2 = 1.$$

Die festen Randpunkte A und B mögen wieder die Koordinaten haben

$$A = (0, \ldots, 0, 1), \qquad B = (0, \ldots, 1, 0);$$

ihre sphärische Entfernung ist also $\frac{1}{2}\pi$.

Wir beginnen mit der geodätischen Verbindungslinie g_1, das ist ein Großkreisbogen der Länge $\frac{3}{2}\pi$, und zerlegen ihn durch zwei Punkte U_1 und U_2 in drei Großkreisbögen der Länge $\frac{1}{2}\pi$. Als Zwischenmannigfaltigkeiten dienen Stücke von Großsphären der Dimension $n-1$, die auf g_1 senkrecht stehen, und als Gaußsche Koordinaten in ihnen

$$u_{\varkappa,1} = u_1, \ldots, u_{\varkappa,n-1} = u_{n-1} \qquad (\varkappa = 1, 2).$$

Das durch die beiden Punkte

$$u_{11}, \ldots, u_{1,n-1} \text{ von } \mathfrak{U}_1 \text{ und } u_{21}, \ldots, u_{2,n-1} \text{ von } \mathfrak{U}_2$$

bestimmte Elementarpolygon von A nach B hat die Länge

$$J(u_{11}, \ldots, u_{1,n-1}; u_{21}, \ldots, u_{2,n-1}).$$

Um die quadratischen Glieder in der Taylorentwicklung von J um den Nullpunkt zu berechnen, brauchen wir J nicht ausführlich zu kennen. Es genügt, von den folgenden Eigenschaften von J Gebrauch zu machen.

1. $J(0, \ldots, u_{1,i}, \ldots, 0; 0, \ldots, u_{2,i}, \ldots, 0) = \pi + \arccos(u_{1,i}u_{2,i})$
$= \frac{3}{2}\pi - u_{1,i}u_{2,i} +$ Glieder von mindestens 3. Ordnung wie im 1. Beispiele;
2. $J(u_{11}, \ldots, u_{1,n-1}; 0, \ldots, 0) = \frac{3}{2}\pi$;
3. $J(0, \ldots, 0; u_{21}, \ldots, u_{2,n-1}) = \frac{3}{2}\pi$ — offenbar;
4. $J(0, \ldots, u_{1,i}, \ldots, 0; 0, \ldots, u_{2,k}, \ldots, 0)$
$= J(0, \ldots, -u_{1,i}, \ldots, 0; 0, \ldots, u_{2,k}, \ldots, 0)$ für $i \neq k$.

Die letzte Beziehung folgt daraus, daß das durch die beiden Zwischenpunkte

$$0, \ldots, u_{1,i}, \ldots, 0 \text{ von } \mathfrak{U}_1 \text{ und } 0, \ldots, u_{2,k}, \ldots, 0 \text{ von } \mathfrak{U}_2$$

bestimmte Elementarpolygon von A nach B bei der Spiegelung des euklidischen Raumes

$$u_i \to -u_i, \quad u_j \to u_j \text{ für } j \neq i$$

in das durch die Punkte

$$0, \ldots, -u_{1,i}, \ldots, 0 \text{ von } \mathfrak{U}_1 \text{ und } 0, \ldots, u_{2,k}, \ldots, 0 \text{ von } \mathfrak{U}_2$$

bestimmte Elementarpolygon übergeht und die Längen bei dieser Spiegelung ungeändert bleiben.

Aus den Formeln 1. bis 4. folgt, daß alle zweiten Ableitungen von J verschwinden bis auf die folgenden aus 1. zu berechnenden:

$$\frac{\partial^2 J}{\partial u_{1,i}\,\partial u_{2,i}} = -1 \qquad (i = 1, \ldots, n-1).$$

Die Taylor-Entwicklung von J um den Nullpunkt der $2(n-1)$ Argumente lautet somit

$$J = \frac{3}{2}\pi - \sum_{i=1}^{n-1} u_{1,i} u_{2,i} + \text{Glieder von mindestens 3. Ordnung.}$$

Wenn es sich allgemein um die geodätische Verbindungslinie g_l der Länge $\frac{2l+1}{2}\pi$ handelt, so findet man für J die Taylor-Entwicklung

$$\begin{aligned} J = \frac{2l+1}{2}\pi &- u_{11}u_{21} - u_{21}u_{31} - \cdots - u_{2l-1,1}u_{2l,1} \\ &- u_{12}u_{22} - u_{22}u_{32} - \cdots - u_{2l-1,2}u_{2l,2} \\ &\quad\cdot \qquad \cdot \qquad \cdots \qquad \cdot \\ &- u_{1,n-1}u_{2,n-1} - u_{2,n-1}u_{3,n-1} - \cdots - u_{2l-1,n-1}u_{2l,n-1}. \end{aligned}$$

Vorausgesetzt ist dabei, daß man wieder $2l$ Zwischenmannigfaltigkeiten in gleichen Abständen $\frac{1}{2}\pi$ gewählt und die lokalen Koordinaten ebenso wie im Falle zweier Zwischenmannigfaltigkeiten festgesetzt hat. — Die Form der quadratischen Glieder ist daher nichtausgeartet und hat den Trägheitsindex $l(n-1)$. Also sind die Typenzahlen

$$m^{l(n-1)} = 1, \text{ alle übrigen} = 0 \qquad (g_l).$$

§ 16. Deformationssätze.

Um die Theorie des I. Kapitels auf den Funktionalraum Ω unseres Variationsproblems anwenden zu können, ist es vor allem nötig, die Axiome I S. 24 und II S. 26 zu verifizieren. Dazu, wie im folgenden überhaupt, brauchen wir einige Deformationssätze, die wir jetzt ableiten wollen.

1. *Die J-Deformation* D_α. Zu jedem nichtstationären J-Werte α konstruieren wir eine J-Deformation der Punktmenge $\{J \leqq \alpha\}$ in eine Teilmenge von $\{J < \alpha\}$. Wir zerlegen die Konstruktion in zwei Schritte, bei denen wir den Parameter τ nacheinander die Intervalle $0 \leqq \tau \leqq 1$ und $1 \leqq \tau \leqq 2$ durchlaufen lassen, und zwar geben wir bei jedem Schritte zuerst den Punkt c_τ an, in den der Punkt $c = c_0$ zur Zeit τ $(0 \leqq \tau \leqq 2)$ übergegangen ist, ohne uns dabei der stetigen Abhängigkeit des Punktes c_τ von c und τ zu vergewissern, und wir beweisen hernach, daß es sich wirklich um eine Deformation handelt.

I. Schritt: Es sei c irgendeine stückweise glatte Kurve von A nach B, die einem ebenfalls mit c bezeichneten Punkte auf der Teilmenge $\{J \leqq \alpha\}$

von Ω entspricht. Wie immer, sei der Parameter auf der Kurve c die reduzierte Bogenlänge t. Wir legen nun auf c die $q+1$ Punkte fest, die den Parameterwerten

$$t = 0, \frac{1}{q}, \ldots, \frac{q-1}{q}, 1$$

entsprechen und nennen sie

(1) $$A = T_0(c), T_1(c), \ldots, T_{q-1}(c), T_q(c) = B.$$

Sie teilen c in q gleich lange Teile

(2) $$T_0 T_1 = c_0^{\frac{1}{q}}, \ldots, T_{q-1} T_q = c^1_{\frac{q-1}{q}}.$$

q wählen wir so groß, daß $\frac{\alpha}{q}$ höchstens gleich der Elementarlänge d ist. Der erste Schritt besteht darin, daß wir alle q Teilbögen (2) gleichzeitig in ihre Sehnen deformieren, nach § 13 Absatz 10. Dabei läuft der Deformationsparameter τ von 0 bis 1. Für $\tau = 1$ ist c in das Elementarpolygon c_1 mit den Ecken (1) übergegangen (Fig. 22).

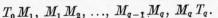

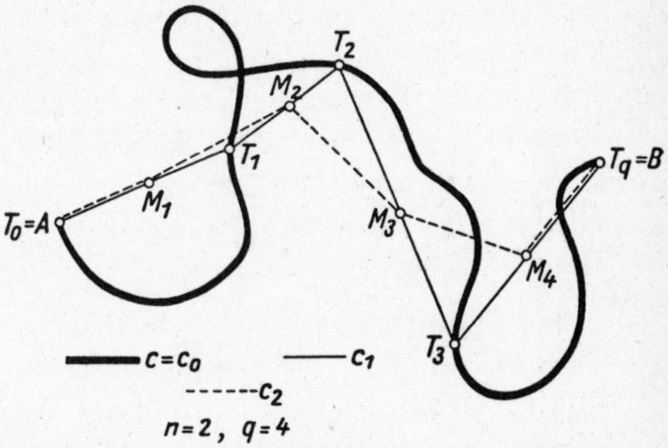

Fig. 22.

II. Schritt: Das Elementarpolygon c_1 zerlegen wir durch die q Seitenmitten

$$M_1(c), \ldots, M_q(c)$$

in $q+1$ Teilbögen

(3) $$T_0 M_1, M_1 M_2, \ldots, M_{q-1} M_q, M_q T_q.$$

Die Längen der $q-1$ Teilbögen

(4) $$M_1 M_2, \ldots, M_{q-1} M_q,$$

die im allgemeinen einen Knick aufweisen werden, sind offenbar $\leqq d$. Die Bögen (4) können wir daher wiederum, und zwar alle gleichzeitig, in ihre Sehnen deformieren, wobei wir den Parameter τ von 1 bis 2 laufen lassen. Dadurch geht c_1 in ein neues Elementarpolygon c_2 über; seine Ecken sind

$$T_0(c), M_1(c), \ldots, M_q(c), T_q(c).$$

2. Damit ist der Weg angegeben, den der Punkt c von Ω bei der Deformation D_α beschreibt. Nun müssen wir noch zeigen, daß es sich wirklich um eine Deformation handelt, d. h. daß c_τ stetig von c und τ abhängt im ganzen Intervalle $0 \leqq \tau \leqq 2$. Für den ersten Schritt wird die Deformation durch die Formel gegeben:

(5) $$c_\tau = \sum_{i=0}^{q-1} \left(c_{\frac{i}{q}}^{\frac{i+1}{q}} \right)_\tau \qquad (0 \leqq \tau \leqq 1).$$

Dabei bezeichnet

$$c_{\frac{i}{q}}^{\frac{i+1}{q}}$$

den Teilbogen von c zwischen den Parameterwerten $\frac{i}{q}$ und $\frac{i+1}{q}$; er hängt stetig von c ab nach § 13 Absatz 6.

$$\left(c_{\frac{i}{q}}^{\frac{i+1}{q}}\right)_\tau$$

bezeichnet die Kurve, in die dieser Teilbogen zur Zeit τ übergegangen ist. Sie hängt stetig von dem Teilbogen zwischen $\frac{i}{q}$ und $\frac{i+1}{q}$, also von c und zugleich stetig von τ ab nach § 13 Absatz 10. Schließlich hängt die Summe (5) stetig von den Summanden, also von c und τ ab nach § 13 Absatz 5, was zu beweisen war. — Für den zweiten Schritt hat man zu bemerken, daß die Teilbögen (4) von c_1 stetig von c abhängen. Das folgt daraus, daß nach § 13 Absatz 4 die Eckpunkte T und nach § 13 Absatz 7 III die Seitenmitten M stetig von c abhängen. Also hängen auch die Elementarstrecken $M_i T_i$ und $T_i M_{i+1}$, also auch ihre Summen stetig von c ab. Für die Abänderung in c_2 gilt dann ein entsprechender Schluß wie beim ersten Schritte. Damit ist die stetige Abhängigkeit der Kurve c_τ von c und τ für $0 \leqq \tau \leqq 2$ bewiesen.

3. Bei der Deformation D_α erfährt die Kurve c eine *Verkürzung*, deren Betrag durch $J(c_2) - J(c)$ gegeben ist. Die Verkürzung ist eine stetige Funktion von c, da c_2 stetig von c abhängt und J eine stetige Funktion ist. *Die Verkürzung ist* $= 0$ *dann und nur dann, wenn* c *ein stationärer Punkt ist.* Denn beim ersten Schritte erleiden alle die Kurven eine positive Verkürzung, die nicht selbst aus q gleichlangen Elementarstrecken bestehen, beim zweiten Schritte aber alle die aus q gleichlangen Elementarstrecken bestehenden Kurven c_1, die nicht selbst ungebrochene Geodätische sind.

4. Es sei $\mathfrak{U}$ eine offene Teilmenge von $\{J \leqq \alpha\}$, die alle stationären Punkte von $\{J \leqq \alpha\}$ enthält, z. B. die Menge $\{J < \alpha\}$. *Dann hat die Verkürzung in der Punktmenge* $\{J \leqq \alpha\} - \mathfrak{U}$ *eine positive untere Grenze.* Denn wenn die untere Grenze $= 0$ wäre, so gäbe es eine Folge von Kurven $c', c'', \ldots$ auf $\{J \leqq \alpha\} - \mathfrak{U}$, deren Verkürzungen nach 0 streben. Man bilde aus ihnen nach Absatz 1 die Folge der Elementarpolygone (Sehnenpolygone) $c_1', c_1'', \ldots$. Von diesen kann man, nötigenfalls nach Auswahl einer Teilfolge, annehmen, daß sie nach einem Grenzpolygone c_1 konvergieren. Denn zunächst kann man eine Teilfolge so auswählen, daß die ersten Eckpunkte, daraus eine weitere von der Art, daß die zweiten Eckpunkte nach einem Grenzpunkte konvergieren usw. Wenn nun die Eckpunkte konvergieren, so auch die Elementarstrecken, die zwei benachbarte Eckpunkte zu Randpunkten haben, wegen der stetigen Abhängigkeit einer Elementarstrecke von den Randpunkten (§ 13 Absatz 7 V).

Mit den einzelnen Elementarstrecken konvergiert aber auch die Folge der ganzen Elementarpolygone wegen der stetigen Abhängigkeit der Summe von Kurven von den Summanden (§ 13 Absatz 5). — Nun konvergieren die Längen der Kurven $c', c'', \ldots$ nach der Länge des Grenzpolygones c_1, da annahmegemäß die ganze Verkürzung, also erst recht die des ersten Schrittes $J(c^{(i)}) - J(c_1^{(i)})$ nach 0 geht, in Formeln:

$$\lim J(c^{(i)}) = \lim J(c_1^{(i)}) = J(\lim c_1^{(i)}) = J(c_1).$$

Daher muß auch die Differenz aus der Länge eines Teilbogens von $c^{(i)}$ und der zugehörigen Sehne nach 0 streben. Daraus folgt aber nach § 13 Absatz 9, daß der Teilbogen selbst gegen die entsprechende Seite des Grenzpolygons c_1 konvergiert, und daraus weiter wegen der stetigen Abhängigkeit der Kurvensumme von den Summanden, daß die Folge der ganzen Kurven $c', c'', \ldots$ nach c_1 konvergiert. — Nun ist die Verkürzung von c_1 sicher $= 0$, da die Verkürzung stetig auf $\{J \leqq \alpha\}$ ist. Daher ist c_1 ein stationärer Punkt auf $\{J \leqq \alpha\}$ und er gehört als Grenzpunkt der Folge $c', c'', \ldots$ zu $\{J \leqq \alpha\} - \mathfrak{U}$ wegen der Abgeschlossenheit dieser Punktmenge (in bezug auf Ω), im Widerspruche damit, daß alle stationären Punkte von $\{J \leqq \alpha\}$ in $\mathfrak{U}$ liegen.

5. Wir machen jetzt die *weitere Voraussetzung, daß auf* $\{J \leqq \alpha\}$ *nur endlich viele stationäre Punkte liegen*, d. h. daß es nur endlich viele Geodätische von A nach B gibt, die kürzer als α sind. Die Menge dieser stationären Punkte sei $\mathfrak{g}$. Wir hatten α als einen nichtstationären Wert vorausgesetzt; γ sei der nächst kleinere stationäre Wert.[25] Wir wählen ein positives ε so klein, daß die offene ε-Umgebung $\mathfrak{U}_\varepsilon(\mathfrak{g} \mid \Omega)$, das ist die Vereinigungsmenge der sphärischen ε-Umgebungen aller einzelnen stationären Punkte, zu $\{J \leqq \alpha\}$ gehört.

Wir beweisen nun, daß *die Menge* $\{J \leqq \alpha\}$ *durch eine genügend hohe Potenz der Deformation* D_α, *etwa durch* $D_\alpha^{\lambda+1}$, *in eine Teilmenge von* $\{J < \gamma\} + \mathfrak{U}_\varepsilon(\mathfrak{g} \mid \Omega)$ *übergeführt wird.* Man kann nämlich zu jedem Punkte von $\mathfrak{g}$ eine so kleine auf $\{J \leqq \alpha\}$ liegende sphärische Umgebung wählen, daß ihr Bild nach Ausübung der Deformation D_α in $\mathfrak{U}_\varepsilon(\mathfrak{g} \mid \Omega)$ liegt, da die stationären Punkte bei der Deformation D_α fest bleiben. Die Vereinigungsmenge dieser Umgebungen sei $\mathfrak{u}$. Die Verkürzungen, die die Punkte von $\{J \leqq \alpha\} - \mathfrak{u}$ erleiden, haben eine positive untere Grenze δ nach dem vorigen Absatze. Es gibt dann eine Potenz von D_α, etwa D_α^λ, die die Punktmenge $\{J \leqq \alpha\}$ in eine Teilmenge von $\left\{J \leqq \gamma + \frac{\delta}{2}\right\}$ überführt. Das ist trivial, wenn $\gamma + \frac{\delta}{2} \geqq \alpha$ ist. Im andern Falle folgt es daraus, daß die Verkürzungen auf der Punktmenge $\left\{\alpha \geqq J \geqq \gamma + \frac{\delta}{2}\right\}$ eine positive untere Grenze haben. — Die Deformation $D_\alpha^{\lambda+1}$ hat dann die gewünschte Eigenschaft. Denn ein Punkt p von $\{J \leqq \alpha\}$, für den der Bildpunkt $D_\alpha^\lambda(p)$ in $\mathfrak{u}$ liegt, wird bei $D_\alpha^{\lambda+1}$ in einen Punkt von $\mathfrak{U}_\varepsilon(\mathfrak{g} \mid \Omega)$ übergeführt. Liegt aber $D_\alpha^\lambda(p)$ in $\left\{J \leqq \gamma + \frac{\delta}{2}\right\} - \mathfrak{u}$, so erfährt $D_\alpha^\lambda(p)$ bei nochmaliger Anwendung von D_α eine Verkürzung von mindestens δ, geht also in einen Punkt von $\left\{J \leqq \gamma - \frac{\delta}{2}\right\}$ über, was zu beweisen war.

6. Seien nun $g_1, \ldots, g_r$ die stationären Punkte des Wertes γ. Dann können wir ein positives ε so klein wählen, daß erstens die 2ε-Umgebungen $\mathfrak{U}_{2\varepsilon}(g_\varrho \mid \Omega)$ der Punkte g_ϱ ($\varrho = 1, \ldots, r$) untereinander punktfremd sind und zweitens eine J-Deformation Δ_ϱ von Ω existiert, die außerhalb $\mathfrak{U}_{2\varepsilon}(g_\varrho \mid \Omega)$ die Identität ist und die Umgebung $\mathfrak{U}_\varepsilon(g_\varrho \mid \Omega)$ in eine Teilmenge von $\{J < \gamma\} + g_\varrho$ deformiert. Das ist nach Satz IV von § 14 (S. 57) möglich. — Nach dem vorigen Absatze kann man nun zunächst $\{J \leqq \alpha\}$ in eine Teilmenge von $\{J < \gamma\} + \sum_{\varrho=1}^{r} \mathfrak{U}_\varepsilon(g_\varrho \mid \Omega)$ deformieren. Wendet man darauf der Reihe nach die Deformationen $\Delta_1, \ldots, \Delta_r$ an, so geht $\{J \leqq \alpha\}$ schließlich in eine Teilmenge von $\{J < \gamma\} + g_1 + \cdots + g_r$ über. Damit ist bewiesen

Satz: *Ist α ein nichtstationärer Wert von J auf Ω und γ der nächstkleinere stationäre Wert und gibt es auf $\{J \leqq \alpha\}$ nur endlich viele stationäre Punkte, so läßt sich $\{J \leqq \alpha\}$ durch eine J-Deformation $D_{\alpha\gamma}$ überführen in eine Teilmenge von $\{J < \gamma\}$ plus stationäre Punkte des Wertes γ.*

§ 17. Typenzahlen kritischer Werte und stationärer Punkte.

Während wir es im I. Kapitel mit den Typenzahlen kritischer Werte der Funktion J auf einem Umgebungsraume Ω zu tun hatten, war im III. Kapitel bisher nur von den Typenzahlen stationärer Punkte des Funktionalraumes Ω die Rede. Den Zusammenhang zwischen beiden wollen wir jetzt klarlegen. Ω bezeichnet wie immer in diesem Kapitel den Funktionalraum unseres Variationsproblemes.

Satz I: *Ein kritischer Wert von J auf Ω ist stets stationär, aber nicht notwendig umgekehrt.*

Beweis: Ist α ein nichtstationärer Wert von J, so läßt sich jeder zum Werte α gehörige relative Zykel durch Anwendung der Deformation D_α von § 16 Absatz 1 in einem unterhalb α gelegenen homologen relativen Zykel deformieren. Die Typenzahlen des Wertes α sind also alle $= 0$ und α somit nicht kritisch. — Ist dagegen α ein stationärer Wert, so braucht α doch nicht kritisch zu sein, z. B. ist er es dann nicht, wenn es nur endlich viele stationäre Punkte vom Werte α gibt, deren Typenzahlen alle verschwinden.

Wir nehmen jetzt an, daß es unterhalb eines jeden J-Wertes nur endlich viele stationäre Punkte gibt, und betrachten einen bestimmten stationären Wert γ, zu dem die stationären Punkte $g_1, \ldots, g_r$ und nur diese gehören. Die Typenzahlen des Wertes γ wurden in § 4 als die Zusammenhangszahlen von $\{J \leqq \gamma\}$ mod $\{J < \gamma\}$ definiert, die Typenzahlen eines stationären

Punktes g_ϱ hingegen in § 14 Absatz 2 als die Zusammenhangszahlen von $\{J < \gamma\} + g_\varrho \bmod \{J < \gamma\}$. Nun gilt der

Satz II: *Wenn es unterhalb jedes beliebigen J-Wertes nur endlich viele stationäre Punkte gibt, so ist die zum stationären Werte γ gehörige k-te Typenzahl $m^k(\gamma)$ gleich der Summe der k-ten Typenzahlen $m^k(g_\varrho)$ der einzelnen stationären Punkte $g_1, \ldots, g_r$ vom Werte γ:*

$$m^k(\gamma) = m^k(g_1) + \cdots + m^k(g_r).$$

Der Beweis dieses Satzes beruht auf dem folgenden

Satz III: *Die Zusammenhangszahlen von $\{J \leqq \gamma\} \bmod \{J < \gamma\}$ sind dieselben wie die von $\{J < \gamma\} + g_1 + \cdots + g_r \bmod \{J < \gamma\}$.*

Beweis von Satz III: Man wähle $\alpha > \gamma$, aber so wenig von γ verschieden, daß die Punktmenge $\{\alpha \geqq J > \gamma\}$ keine stationären Punkte enthält, und wende auf $\{J \leqq \alpha\}$ die J-Deformation $D_{\alpha\gamma}$ des Satzes von § 16 S. 66 an. Dadurch wird $\{J \leqq \gamma\}$ in eine Teilmenge von $\{J < \gamma\} + g_1 + \cdots + g_r$ übergeführt, während $\{J < \gamma\}$ in eine Teilmenge von sich deformiert wird und die Punkte $g_1, \ldots, g_r$ einzeln fest bleiben.

Mit Hilfe der Deformation $D_{\alpha\gamma}$ beweist man leicht (vgl. § 3 Absatz 5) die beiden Tatsachen:

Jeder relative Zykel von $\{J \leqq \gamma\} \bmod \{J < \gamma\}$ ist homolog auf $\{J \leqq \gamma\}$ einem relativen Zykel von $\{J < \gamma\} + g_1 + \cdots + g_r \bmod \{J < \gamma\}$.

Wenn ein relativer Zykel von $\{J < \gamma\} + g_1 + \cdots + g_r$ nullhomolog auf $\{J \leqq \gamma\} \bmod \{J < \gamma\}$ ist, so auch schon auf $\{J < \gamma\} + g_1 + \cdots + g_r$. Daraus folgt dann Satz III nach der gleichen Überlegung wie im Beweise des Satzes I von § 7.

Beweis von Satz II: Man hat hiernach noch zu zeigen, daß die k-te Zusammenhangszahl von $\{J < \gamma\} + g_1 + \cdots + g_r \bmod \{J < \gamma\}$ gleich der Summe der k-ten Zusammenhangszahlen von $\{J < \gamma\} + g_\varrho \bmod \{J < \gamma\}$ für $\varrho = 1, \ldots, r$ ist. Dies folgt aus den beiden Tatsachen:

I. Jeder relative Zykel $\mathfrak{z}^k$ von $\{J < \gamma\} + g_1 + \cdots + g_r$ ist homolog auf $\{J < \gamma\} + g_1 + \cdots + g_r$ einer Summe $\mathfrak{z}_1^k + \cdots + \mathfrak{z}_r^k$, wobei $\mathfrak{z}_\varrho^k$ ein Zykel von $\{J < \gamma\} + g_\varrho \bmod \{J < \gamma\}$ ist. Man braucht nämlich $\mathfrak{z}^k$ nur hinreichend fein zu unterteilen und dann alle Simplexe von $\{J < \gamma\}$ fortzulassen, um die Trennung in die einzelnen relativen Zykeln zu bewirken.

II. Ist $\mathfrak{z}_\varrho^k$ ein Zykel von $\{J < \gamma\} + g_\varrho \bmod \{J < \gamma\}$ $(\varrho = 1, 2, \ldots, r)$ und ist

$$\mathfrak{z}_1^k + \cdots + \mathfrak{z}_r^k \sim 0 \bmod \{J < \gamma\} \quad \text{auf } \{J < \gamma\} + g_1 + \cdots + g_r,$$

so ist einzeln

$$\mathfrak{z}_\varrho^k \sim 0 \bmod \{J < \gamma\} \quad \text{auf } \{J < \gamma\} + g_\varrho.$$

Nach Voraussetzung gibt es nämlich eine Kette $\mathfrak{x}^{k+1}$ auf $\{J<\gamma\}+g_1 + \cdots + g_r$ mit

$$\mathfrak{R}\partial\mathfrak{x}^{k+1} = \mathfrak{z}_1^k + \cdots + \mathfrak{z}_r^k \bmod \{J<\gamma\}.$$

$\dot{\mathfrak{x}}^{k+1}$ sei eine so feine Unterteilung von $\mathfrak{x}^{k+1}$, daß kein Simplex von $\dot{\mathfrak{x}}^{k+1}$ zwei verschiedene der Punkte $g_1, \ldots, g_r$ enthält. Mit $\mathfrak{x}^{k+1}$ ist zugleich jede der Ketten $\mathfrak{z}_\varrho^k$ zu einer Kette $\dot{\mathfrak{z}}_\varrho^k$ unterteilt worden, und es ist

$$\text{(1)} \qquad \mathfrak{z}_\varrho^k \sim \dot{\mathfrak{z}}_\varrho^k \bmod \{J<\gamma\} \quad \text{auf } \{J<\gamma\}+g_\varrho$$

und

$$\text{(2)} \qquad \mathfrak{R}\partial\dot{\mathfrak{x}}^{k+1} = \dot{\mathfrak{z}}_1^k + \cdots + \dot{\mathfrak{z}}_r^k \bmod \{J<\gamma\}.$$

Nun sei $\dot{\mathfrak{x}}_\varrho^{k+1}$ die Kette, die aus allen den Punkt g_ϱ enthaltenden $(k+1)$-Simplexen von $\dot{\mathfrak{x}}^{k+1}$ besteht. $\dot{\mathfrak{x}}^{k+1} - \dot{\mathfrak{x}}_1^{k+1} - \cdots - \dot{\mathfrak{x}}_r^{k+1}$ liegt dann in $\{J<\gamma\}$, d. h., es ist

$$\dot{\mathfrak{x}}^{k+1} = \dot{\mathfrak{x}}_1^{k+1} + \cdots + \dot{\mathfrak{x}}_r^{k+1} \bmod \{J<\gamma\}$$

und daher

$$\mathfrak{R}\partial\dot{\mathfrak{x}}^{k+1} = \mathfrak{R}\partial\dot{\mathfrak{x}}_1^{k+1} + \cdots + \mathfrak{R}\partial\dot{\mathfrak{x}}_r^{k+1} \bmod \{J<\gamma\}.$$

Zusammen mit (2) folgt hieraus

$$(\mathfrak{R}\partial\dot{\mathfrak{x}}_1^{k+1} - \dot{\mathfrak{z}}_1^k) + \cdots + (\mathfrak{R}\partial\dot{\mathfrak{x}}_r^{k+1} - \dot{\mathfrak{z}}_r^k) = 0 \bmod \{J<\gamma\}.$$

In den einzelnen Klammern stehen der Reihe nach Ketten von $\{J<\gamma\}+g_1$, $\{J<\gamma\}+g_2, \ldots, \{J<\gamma\}+g_r$. Da ihre Summe in $\{J<\gamma\}$ liegt, muß bereits jede einzelne Kette in $\{J<\gamma\}$ liegen. Es folgt also

$$\mathfrak{R}\partial\dot{\mathfrak{x}}_\varrho^{k+1} = \dot{\mathfrak{z}}_\varrho^k \bmod \{J<\gamma\} \qquad (\varrho = 1, \ldots, r)$$

oder

$$\dot{\mathfrak{z}}_\varrho^k \sim 0 \bmod \{J<\gamma\} \quad \text{auf } \{J<\gamma\}+g_\varrho$$

und zusammen mit (1)

$$\mathfrak{z}_\varrho^k \sim 0 \bmod \{J<\gamma\} \quad \text{auf } \{J<\gamma\}+g_\varrho,$$

womit II bewiesen ist.

Nun gibt es nach der Definition der Typenzahlen eines stationären Punktes genau $m^k(g_\varrho)$ homolog unabhängige relative k-dimensionale „Basiszykeln" auf $\{J<\gamma\}+g_\varrho$. Die Gesamtheit dieser $m^k(g_1)+\cdots+m^k(g_r)$ relativen k-Zykeln macht ein System homolog unabhängiger k-Zykeln auf $\{J<\gamma\} + g_1 + \cdots + g_r$ aus nach II. Es ist also

$$m^k(\gamma) \geqq m^k(g_1) + \cdots + m^k(g_r).$$

Anderseits ist nach I jeder relative Zykel $\mathfrak{z}^k$ von $\{J<\gamma\}+g_1+\cdots+g_r$ homolog auf $\{J<\gamma\}+g_1+\cdots+g_r$ einer Summe $\mathfrak{z}_1^k+\cdots+\mathfrak{z}_r^k$, wobei $\mathfrak{z}_\varrho^k$ homolog auf $\{J<\gamma\}+g_\varrho$ einer Linearkombination der zu ϱ gehörigen zuvor erwähnten Basiszykeln ist, so daß es auf $\{J < \gamma\} + g_1 + \cdots + g_r$ auch nicht mehr homolog unabhängige relative k-Zykeln geben kann als die oben erwähnten $m^k(g_1) + \cdots + m^k(g_r)$. Es ist also

$$m^k(\gamma) = m^k(g_1) + \cdots + m^k(g_r),$$

was zu beweisen war.

§ 18. Gültigkeit der Axiome I und II.

Satz: *Wenn auf dem Funktionalraum Ω unseres Variationsproblems unterhalb jedes beliebigen J-Wertes nur endlich viele stationäre Punkte liegen, so sind die Axiome I (§ 5) und II (§ 6) erfüllt.*

Beweis: $\mathfrak{Z}^k$ sei ein in Ω nicht nullhomologer k-Zykel. Auf allen zu $\mathfrak{Z}^k$ homologen Zykeln nehmen wir das Maximum von J. α_0 sei die untere Grenze dieser Maxima, die existiert, weil $J \geqq 0$ ist. Man muß zeigen, daß es auf $\{J \leqq \alpha_0\}$ einen zu $\mathfrak{Z}^k$ homologen Zykel gibt, oder mit anderen Worten, daß α_0 die untere Homologiegrenze von $\mathfrak{Z}^k$ ist. — Sicher gibt es einen zu $\mathfrak{Z}^k$ homologen Zykel $'\mathfrak{Z}^k$ auf $\{J \leqq \alpha\}$, wenn $\alpha > \alpha_0$ ist. Wir wählen α so klein, daß auf $\{\alpha \geqq J > \alpha_0\}$ kein stationärer Punkt liegt, und wenden auf $\{J \leqq \alpha\}$ die Deformation $D_{\alpha\gamma}$ des Satzes von § 16 S. 66 an. Dadurch geht $'\mathfrak{Z}^k$ in einen homologen Zykel auf $\{J \leqq \alpha_0\}$ über, womit Axiom I als gültig erwiesen ist.

Sei jetzt $\mathfrak{Z}^k$ ein in Ω nullhomologer k-Zykel. Dann ist $\mathfrak{Z}^k$ schon auf einer gewissen Punktmenge $\{J \leqq \alpha\}$ nullhomolog. α_0 sei die untere Grenze aller Werte α, für die dies gilt. Sie ist sicher nicht kleiner als das Maximum von J auf $\mathfrak{Z}^k$. Um die Gültigkeit von Axiom II sicherzustellen, muß man zeigen, daß $\mathfrak{Z}^k$ nullhomolog in $\{J \leqq \alpha_0\}$, d. h., daß α_0 die obere Homologiegrenze von $\mathfrak{Z}^k$ ist. Zum Beweise wählen wir α so klein, daß die Punktmenge $\{\alpha \geqq J > \alpha_0\}$ keine stationären Punkte enthält. Dann gibt es auf $\{J \leqq \alpha\}$ eine Kette $\mathfrak{X}^{k+1}$ mit

$$\mathfrak{R}\partial\mathfrak{X}^{k+1} = \mathfrak{Z}^k.$$

Durch Anwendung der Deformation $D_{\alpha\gamma}$ geht $\mathfrak{X}^{k+1}$ in eine Kette $'\mathfrak{X}^{k+1}$ von $\{J \leqq \alpha_0\}$ und $\mathfrak{Z}^k$ in einen auf $\{J \leqq \alpha_0\}$ homologen Zykel $'\mathfrak{Z}^k$ über, und man hat

$$\mathfrak{R}\partial\,'\mathfrak{X}^{k+1} = \,'\mathfrak{Z}^k.$$

Zusammen mit

$$\mathfrak{Z}^k \sim \,'\mathfrak{Z}^k \quad \text{auf } \{J \leqq \alpha_0\}$$

liefert das

$$\mathfrak{Z}^k \sim 0 \quad \text{auf } \{J \leqq \alpha_0\},$$

was zu beweisen war.

§ 19. Hauptsatz.

Nachdem wir die Axiome I und II als gültig erkannt haben, können wir die im I. Kapitel abgeleiteten Beziehungen zwischen Typenzahlen und Zusammenhangszahlen auf den Funktionalraum Ω übertragen.

Satz I: *Wenn es auf der Riemannschen Mannigfaltigkeit $\mathfrak{M}^n$ nur endlich viele Geodätische von beschränkter Länge zwischen den festen Randpunkten A und B gibt*), so ist*

$$M^k \geqq R^k;$$

dabei bezeichnet R^k die k-te Zusammenhangszahl des Funktionalraumes Ω, der zu dem Variationsproblem gehört, und M^k die Summe der k-ten Typenzahlen aller Geodätischen von A nach B auf $\mathfrak{M}^n$, oder, was nach § 17 dasselbe bedeutet: die Summe der k-ten Typenzahlen aller kritischen Werte der Längenfunktion J auf Ω.

Der Satz ist nichts anderes als eine Anwendung des Satzes II von § 5 S. 25, der zur Voraussetzung nur die Gültigkeit des Axiomes I hatte.

Anwendung des Satzes von § 6 S. 26 ergibt den Satz, der uns im folgenden zur Abschätzung der Zusammenhangszahlen von Ω dienen wird:

Satz II: *Damit in Satz I*

$$M^k = R^k$$

gilt, sind zwei Bedingungen hinreichend:

I. *Es gibt zwischen den festen Randpunkten A und B nur endlich viele Geodätische von beschränkter Länge (was schon in Satz I vorausgesetzt wurde),*

II. *alle relativen Zyklen von Ω sind ergänzbar.*

Wir sagen, Ω besitzt unendlich hohen Zusammenhang, wenn die Summe der Zusammenhangszahlen aller Dimensionen unendlich ist:

$$\sum_{k=0}^{\infty} R^k = \infty.$$

Es wird zugelassen, daß in der Summe Summanden auftreten, die selbst unendlich sind.

Nunmehr können wir das Hauptergebnis der bisherigen Untersuchung aussprechen:

Satz III (Hauptsatz): *Hat der Funktionalraum unseres Variationsproblemes unendlich hohen Zusammenhang, so gibt es unendlich viele Geodätische von A nach B.*

Beweis: Gäbe es nur endlich viele, so wäre Satz I anwendbar. Nun liefert nach Satz II von § 14 S. 54 jede Geodätische von A nach B nur einen endlichen Beitrag zu $\sum_{k=0}^{\infty} M^k$. Diese Summe wäre also endlich und nach Satz I ebenso $\sum_{k=0}^{\infty} R^k$, im Widerspruch zu dem vorausgesetzten unendlich hohen Zusammenhang von Ω.

*) Mit anderen Worten: es gibt zu jeder Zahl α nur endlich viele Geodätische, die kürzer als α sind.

§ 20. Geodätische zwischen festen Randpunkten der n-Sphäre.

1. Um die Existenz unendlich vieler geodätischer Verbindungskurven zweier fester Randpunkte auf einer geschlossenen Mannigfaltigkeit sicherzustellen, genügt es auf Grund des Hauptsatzes, den unendlich hohen Zusammenhang des Funktionalraumes Ω zu beweisen. Ein allgemeines Verfahren zur Bestimmung der Zusammenhangszahlen R^k von Ω kennt man nicht. Dagegen werden wir im folgenden Paragraphen den wichtigen Satz beweisen, nach dem die Zusammenhangszahlen R^k von Ω unabhängig von der Wahl der Randpunkte A und B sowie von der Riemannschen Metrik auf $\mathfrak{M}^n$ sind: Sie sind *topologische Invarianten der Mannigfaltigkeit* $\mathfrak{M}^n$; insbesondere kann man die Randpunkte A und B zusammenfallen lassen.

2. Unter Vorwegnahme dieses Satzes wollen wir jetzt die Zusammenhangszahlen R^k für den Fall bestimmen, daß $\mathfrak{M}^n$ die n-Sphäre $\mathfrak{S}^n$ ist. Wir benutzen auf $\mathfrak{S}^n$ die natürliche Metrik der Einheits-n-Sphäre des euklidischen $(n+1)$-dimensionalen Raumes, auf der die Randpunkte A und B die sphärische Entfernung $\frac{\pi}{2}$ haben mögen. Für diesen Fall sind aber die beiden Bedingungen des Satzes II von § 19 erfüllt:

I. Es gibt zwischen den Randpunkten A und B nur endlich viele Geodätische von beschränkter Länge; denn es gibt nur je eine von der Länge $\frac{1}{2}\pi, \frac{3}{2}\pi, \ldots, \frac{2l+1}{2}\pi, \ldots.$

II. Alle relativen Zykeln von Ω sind ergänzbar. Wir haben nämlich in § 15 die Typenzahlen der zum stationären Werte $\frac{2l+1}{2}\pi$ gehörigen Geodätischen g_l bestimmt. Es war

$$m^{l(n-1)} = 1, \quad \text{alle übrigen Typenzahlen} = 0 \qquad (g_l).$$

Alle relativen Zykeln jeder von $l(n-1)$ verschiedenen Dimension sind daher nullhomolog, während es von der Dimension $l(n-1)$ genau einen homolog unabhängigen Zykel $\mathfrak{z}^{l(n-1)}$ gibt. Dieser ist ergänzbar, denn wir haben in § 15 S. 60 seine Ergänzung angegeben. — Es gilt daher der

Satz I: *Die Zusammenhangszahlen des Funktionalraumes Ω der n-Sphäre bei festen Randpunkten A und B sind*

$$R^{l(n-1)} = 1 \qquad (l = 0, 1, \ldots).$$

Alle übrigen Zusammenhangszahlen sind $= 0$.

Nach dem Hauptsatze von § 19 folgt hieraus

Satz II: *Auf einer zur n-Sphäre $\mathfrak{S}^n$ homöomorphen Riemannschen Mannigfaltigkeit (dreimal stetig differenzierbare $g_{\mu\nu}$) gibt es zwischen zwei festen Randpunkten A und B, die auch zusammenfallen können, unendlich viele geodätische Verbindungskurven.*

Eine in ihren Anfangspunkt zurückkehrende Geodätische nennt man bisweilen eine geodätische Schlinge. Es ist also hiermit zugleich nachgewiesen, *daß es in jedem Punkt unendlich viele geodätische Schlingen gibt.*

3. Wir machen eine weitere Anwendung. Man habe in eine Kugelfläche eine Taille eingeschnürt (natürlich dreimal stetig differenzierbar), so daß etwa eine Rotationsfläche mit der nebenstehenden Meridiankurve entsteht (Fig. 23). Der Gürtel ist eine geschlossene Geodätische, längs deren die Gaußsche Flächenkrümmung < 0 sei. Zwischen zweien seiner Punkte, A und B, kann man sogleich unendlich viele Geodätische angeben, nämlich die beiden Teile des Gürtels zwischen A und B, und die daraus durch Zusatz voller Gürtelumläufe hervorgehenden geodätischen Verbindungskurven. Diese sind sämtlich relative Minima im Vergleiche mit benachbarten stückweise glatten Verbindungskurven, was anschaulich einleuchtet und analytisch damit bewiesen wird, daß die Gaußsche Krümmung längs des Gürtels negativ ist und daher auf dem Gürtel keine konjugierten Punkte liegen.*) Den betrachteten unendlich vielen geodätischen Verbindungskurven entsprechen daher relative Minima der Funktion J auf Ω. Deren Typenzahlen sind auf Grund der Definition der Typenzahlen eines isolierten stationären Punktes von Ω (§ 14 S. 52)

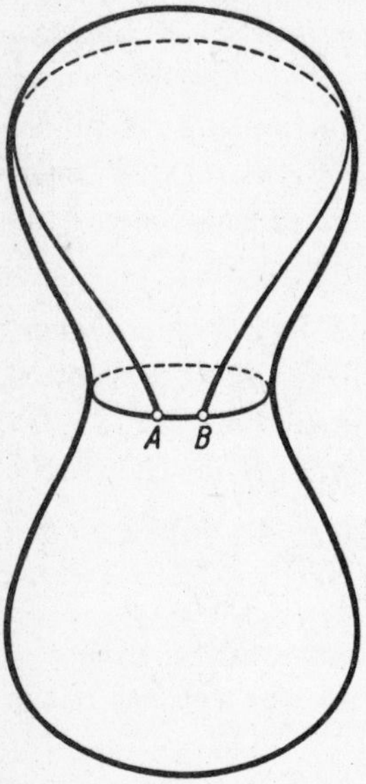

Fig. 23.

$$m^0 = 1, \quad \text{alle übrigen} = 0.$$

Daraus folgt aber, daß es noch unendlich viele weitere geodätische Verbindungslinien zwischen A und B gibt, die nicht auf dem Gürtel verlaufen. Aus der Annahme von nur endlich vielen würde nämlich folgen, daß nur endlich viele der Typenzahlensummen M^k $(k > 0)$ von Null verschieden sind, im Widerspruch zu der Formel $M^k \geqq R^k$.

4. Bei der Bestimmung der Zusammenhangszahlen R^k des Funktionalraumes Ω haben wir im Falle der n-Sphäre die folgenden Tatsachen benutzt:

I. Es gibt auf $\mathfrak{M}^n$ (bei geeigneter Wahl der Metrik und der Randpunkte A und B) nur endlich viele Geodätische von beschränkter Länge.

II. Die Typenzahlen dieser Geodätischen sind bekannt.

III. Alle relativen Zyklen von Ω sind ergänzbar.

In vielen Fällen, z. B. bei Variationsproblemen mit allgemeinen Randbedingungen, bereiten die ersten beiden Punkte keinerlei Schwierigkeiten.

*) O. Bolza, Variationsrechnung (Leipzig 1909) S. 241.

Schwieriger ist im allgemeinen der dritte Punkt, da die Ergänzbarkeit der relativen Zyklen eine Eigenschaft von Ω im Großen ist.

Trotzdem gelingt es bisweilen, durch eine einfache Dimensionsbetrachtung die Ergänzbarkeit der relativen Zyklen zu beweisen. Wir wollen dieses Verfahren (Lückenverfahren) am Beispiel der n-Sphäre auseinandersetzen, obwohl wir in diesem Falle die Ergänzungen im § 15 schon unmittelbar konstruiert haben. Als Metrik benutzen wir wieder die natürliche Metrik der euklidischen Einheits-n-Sphäre. Die Randpunkte A und B mögen die sphärische Entfernung $\frac{\pi}{2}$ haben. Es gibt genau eine Geodätische g_l von der Länge $\frac{2l+1}{2}\pi$ $(l=0, 1, 2, \ldots)$. Nach § 15 sind die Typenzahlen von g_l alle $=0$ bis auf $m^{l(n-1)}=1$. Dementsprechend gibt es genau einen zum J-Werte $\frac{2l+1}{2}\pi$ gehörigen homolog unabhängigen relativen Zykel $\mathfrak{z}^{l(n-1)}$. $\mathfrak{R}\partial\,\mathfrak{z}^{l(n-1)}$ ist ein absoluter Zykel von der Dimension $l(n-1)-1$, der unterhalb $J=\frac{2l+1}{2}\pi$ liegt. Er ist unterhalb dieses Wertes nullhomolog, wenigstens für $n \geqq 3$. Denn zunächst kann man ihn nach dem Satz des § 16 S. 66 bis zum nächstkleineren stationären Werte $\frac{2l-1}{2}\pi$ hinunterdeformieren. Er kann dort nicht hängen bleiben, sondern ist homolog einem Zykel unterhalb, denn sonst stellte er einen nicht nullhomologen relativen Zykel der Dimension $l(n-1)-1$ dar. Der stationäre Wert $J=\frac{2l-1}{2}\pi$ hat aber keinen nichtnullhomologen relativen Zykel dieser Dimension, da alle seine Typenzahlen bis auf $m^{(l-1)(n-1)}$ verschwinden, also die einzigen vorhandenen nicht nullhomologen relativen Zykeln die Dimension $(l-1)(n-1)$ besitzen. Für $n \geqq 3$ ist aber

$$l(n-1)-1 > (l-1)(n-1).$$

Um so mehr kann man den Zykel $\mathfrak{R}\partial\,\mathfrak{z}^{l(n-1)}$ unter den nächst niedrigen stationären Wert und schließlich bis zum Minimalwert $\frac{\pi}{2}$ von J hinunterdrücken, wo er in den Minimalpunkt von Ω (die Geodätische g_0 von $\mathfrak{M}^n$) zusammenschrumpft. Damit ist von neuem bewiesen, daß $\mathfrak{R}\partial\,\mathfrak{z}^{l(n-1)}$ unterhalb $J=\frac{2l+1}{2}\pi$ nullhomolog, also der relative Zykel $\mathfrak{z}^{l(n-1)}$ für jeden Wert von l ergänzbar ist.

§ 21. Invarianz der Zusammenhangszahlen des Funktionalraumes Ω.

Im vorigen Paragraphen haben wir den Satz benutzt, daß die Zusammenhangszahlen des Funktionalraumes Ω ungeändert bleiben bei Abänderung der Randpunkte A und B sowie der Metrik der Riemannschen Mannigfaltigkeit $\mathfrak{M}^n$. Wir tragen jetzt den Beweis nach.

I. Zunächst bleibe die Metrik von $\mathfrak{M}^n$ ungeändert, und es mögen nur die Randpunkte A und B durch andere Randpunkte A' und B' ersetzt werden. A' und B' brauchen nicht voneinander verschieden zu sein. Die zugehörigen Funktionalräume, von denen wir die Übereinstimmung in den Zusammenhangszahlen beweisen wollen, seien Ω und Ω'.

Wir ziehen von A nach A' eine stückweise glatte Kurve a und ebenso von B nach B' eine stückweise glatte Kurve b. Einer beliebigen stückweise glatten Kurve c, die von A nach B läuft, ordnen wir dann die Kurve

$$-a+c+b$$

zu; dabei bezeichnet $-a$ die rückwärts durchlaufene Kurve a. Diese Zuordnung ist offenbar eine stetige Abbildung φ von Ω in Ω'. Ebenso ordnen wir einer beliebigen stückweise glatten Kurve c', die von A' nach B' läuft, die stückweise glatte Kurve

$$a+c'-b$$

zu. Dies ist eine stetige Abbildung φ' von Ω' in Ω. Läßt man nun auf die Abbildung φ die Abbildung φ' folgen, so erhält man eine stetige Selbstabbildung $\varphi'\varphi$ von Ω, bei der die Zuordnung

$$c \rightarrow a-a+c+b-b$$

erfolgt.

Diese Abbildung ist in die Identität deformierbar. Läßt man nämlich einen Parameter σ von 1 bis 0 abnehmen und bildet man mit ihm die Schar von Abbildungen

$$c \rightarrow a_0{}^\sigma - a_0{}^\sigma + c + b_0{}^\sigma - b_0{}^\sigma$$

(Bezeichnung nach § 13 Absatz 6), so erhält man für $\sigma=1$ die Selbstabbildung $\varphi'\varphi$, für $\sigma=0$ die identische Abbildung. — Ebenso erkennt man, daß die Selbstabbildung $\varphi\varphi'$ von Ω' in die Identität deformierbar ist.

Daraus folgt aber die Übereinstimmung der Zusammenhangszahlen von Ω und Ω':

Sind die k-Zykeln

(1) $$\mathfrak{Z}_1^k, \ldots, \mathfrak{Z}_r^k$$

homolog unabhängig auf Ω, so muß Gleiches von den Bildzykeln

(2) $$\varphi(\mathfrak{Z}_1^k), \ldots, \varphi(\mathfrak{Z}_r^k)$$

auf Ω' gelten. Denn eine Homologie zwischen diesen auf Ω' würde eine Homologie zwischen

$$\varphi'\varphi(\mathfrak{Z}_1^k), \ldots, \varphi'\varphi(\mathfrak{Z}_r^k)$$

auf Ω nach sich ziehen. Das sind aber r homolog unabhängige k-Zykeln auf Ω, da sie homolog zu den Zykeln (1) sind. — Es ist also die k-te Zusammenhangszahl von Ω' mindestens so groß wie die von Ω. Ebenso erkennt man, daß die k-te Zusammenhangszahl von Ω mindestens so groß wie die von Ω' ist. Die beiden k-ten Zusammenhangszahlen stimmen also überein.

II. Die Randpunkte A und B seien von jetzt ab festgehalten. Um uns von den Differenzierbarkeitsvoraussetzungen zu befreien, betrachten wir an Stelle der stückweise glatten Kurven von $\mathfrak{M}^n$ beliebige *stetige Parameterkurven von A nach B*. Der Parameter soll dabei auf der Kurve von 0 bis 1 laufen. Zwei Parameterkurven werden dann und nur dann als *gleich* betrachtet, wenn gleichen Parameterwerten der gleiche Kurvenpunkt entspricht (durch diese Gleichheitsdefinition unterscheiden sich die Parameterkurven von den Kurven des § 13). — *Entsprechende Punkte* zweier Parameterkurven sind Punkte mit demselben Parameterwerte. — Wir machen nun die Menge aller von A nach B laufenden Parameterkurven zu einem *metrischen Raume* Σ, indem wir als *Entfernung zweier Parameterkurven* u und v das Maximum der Entfernung entsprechender Punkte festsetzen.

Wir werden beweisen, daß Ω *und* Σ *in den Zusammenhangszahlen übereinstimmen.* Daraus folgt dann die Unabhängigkeit der Zusammenhangszahlen von der Riemannschen Metrik von $\mathfrak{M}^n$. Obgleich nämlich Σ mit Hilfe einer bestimmten Riemannschen Metrik von $\mathfrak{M}^n$ definiert ist, ist leicht zu sehen, daß eine Abänderung der Metrik in $\mathfrak{M}^n$ nur einen Übergang von Σ zu einem homöomorphen metrischen Raume zur Folge hat. In der Tat: es sei $'\mathfrak{M}^n$ eine dreimal stetig differenzierbare Riemannsche Mannigfaltigkeit, und es lasse sich $\mathfrak{M}^n$ so auf $'\mathfrak{M}^n$ topologisch abbilden, daß die gegebenen Randpunkte A und B auf $\mathfrak{M}^n$ in die ebenfalls gegebenen Randpunkte A' und B' auf $'\mathfrak{M}^n$ übergehen. Dann gibt es nach dem Satze von der gleichmäßigen Stetigkeit zu vorgegebenem $\varepsilon' > 0$ ein $\varepsilon > 0$ derart, daß zwei Punkte von $\mathfrak{M}^n$, deren Entfernung $< \varepsilon$ ist, in zwei Punkte von $'\mathfrak{M}^n$ übergehen, deren Entfernung $< \varepsilon'$ ist. Daraus folgt: wenn zwei von A nach B führende Parameterkurven um weniger als ε entfernt sind, so sind ihre Bilder auf $'\mathfrak{M}^n$ um weniger als ε' voneinander entfernt. Das heißt aber, daß die entsprechende eineindeutige Abbildung von Σ auf Σ' stetig ist. Dann ist diese Abbildung aber sogar topologisch, da $\mathfrak{M}^n$ und $'\mathfrak{M}^n$ nicht voreinander topologisch ausgezeichnet sind.

Daß die Zusammenhangszahlen von Ω unabhängig von der Metrik auf $\mathfrak{M}^n$ sind, ist somit bewiesen, wenn gezeigt ist, daß Ω und Σ dieselben Zusammenhangszahlen besitzen. Dieser Nachweis beruht auf der Möglichkeit der Deformation einer Parameterkurve in ein Sehnenpolygon.

Auf der von A nach B führenden Parameterkurve c sei p der Parameter ($0 \leqq p \leqq 1$). Wir zerlegen c durch die Punkte

$$(3) \qquad p = 0, \frac{1}{q}, \ldots, \frac{q-1}{q}, 1$$

in q Teile. Dabei sei q so groß, daß der Durchmesser eines jeden Teiles höchstens gleich der Elementarlänge d von $\mathfrak{M}^n$ ist. Ist ferner τ eine Zahl des Intervalles $0 \leqq \tau \leqq 1$, so ersetzen wir das Stück von c zwischen $p = \frac{\nu - 1}{q}$

und $p = \frac{\nu - 1 + \tau}{q}$ durch die diese beiden Punkte verbindende Elementarstrecke, für $\nu = 1, \ldots, q$. Auf dieser Elementarstrecke wird ein von $\frac{\nu - 1}{q}$ bis $\frac{\nu - 1 + \tau}{q}$ laufender Parameter eingeführt, der linear mit der Bogenlänge wächst und damit eindeutig festgelegt ist. So entsteht aus c die Parameterkurve c_τ. Für $\tau = 0$ haben wir $c_0 = c$, für $\tau = 1$ das Elementarpolygon c_1, dessen Ecken die Punkte (3) von c sind. Der Parameter auf c_1 ist im allgemeinen nicht die reduzierte Bogenlänge, sondern wächst auf jeder Seite des Elementarpolygons um $\frac{1}{q}$.

Da c_τ stetig von c und τ abhängt[26], liegt eine Deformation vor, die wir mit Δ_q bezeichnen wollen. Natürlich ist Δ_q nur dann auf einen Punkt c von Σ anwendbar, wenn ihm eine Parameterkurve entspricht, die durch die Punkte (3) in q Teile mit Durchmessern $\leqq d$ zerlegt wird. Δ_q ist also sicher nicht in ganz Σ definiert. Wohl aber läßt sich zu jeder kompakten Teilmenge von Σ ein genügend großes q angeben, so daß Δ_q auf die Teilmenge anwendbar ist.[27]

Wir benötigen noch eine weitere Deformation Δ_q^*, die den Zweck hat, auf einem Elementarpolygone den Parameter p in die reduzierte Bogenlänge überzuführen. Sie soll auf die Teilmenge Σ_q von Σ anwendbar sein, deren Punkte den *q-seitigen Parameter-Elementarpolygonen* entsprechen. Darunter verstehen wir folgendes:

Man zerlege die Einheitsstrecke $0 \leqq p \leqq 1$ durch $q - 1$ innere Punkte $p_1 < p_2 < \cdots < p_{q-1}$ in q nicht notwendig gleich lange Teilstrecken und bilde die so unterteilte Einheitsstrecke stetig in $\mathfrak{M}^n$ so ab, daß jede Teilstrecke in eine Elementarstrecke übergeht, und zwar soll die Bogenlänge auf jeder Elementarstrecke eine lineare Funktion des Parameters sein. Überdies sollen natürlich die Endpunkte $p = 0$ und $p = 1$ der Einheitsstrecke in die Punkte A und B übergehen. Die so entstehende Parameterkurve heißt ein q-seitiges Parameter-Elementarpolygon. Es ist dabei zugelassen, daß gewisse der q Teilstrecken der Einheitsstrecke $0 \leqq p \leqq 1$ in Punkte (Seiten der Länge 0) übergehen. Die sämtlichen q-seitigen Parameter-Elementarpolygone auf $\mathfrak{M}^n$ machen eine Teilmenge Σ_q von Σ aus. Einem und demselben Punkte von Σ_q entsprechen unter Umständen mehrere verschiedene q-seitige Parameter-Elementarpolygone. Da jedes q-seitige Parameter-Elementarpolygon durch Unterteilen einer Seite zu einem $(q + 1)$-seitigen gemacht werden kann, so ist Σ_q in Σ_{q+1} enthalten.

Es sei nun c ein q-seitiges Parameter-Elementarpolygon mit dem Parameter p, $0 \leqq p \leqq 1$. Wenn wir, was keine Einschränkung ist, $A \neq B$ voraussetzen, so ist c sicher keine Punktkurve. Die reduzierte Bogenlänge t ist dann eine stetige Funktion $t = f(p)$ auf c. Wenn wir nun jeden Punkt des Intervalles $0 \leqq p \leqq 1$ in den Punkt auf c mit der reduzierten Bogenlänge

$$f(p) + \tau(p - f(p))$$

abbilden, so ist dadurch für jedes τ $(0 \leqq \tau \leqq 1)$ eine Parameterkurve c_τ gegeben. Diese Kurven c_τ unterscheiden sich von c nur durch die Parametrisierung. Für $\tau = 0$ erhält man den ursprünglichen Parameter p, für $\tau = 1$ die reduzierte Bogenlänge. c_τ hängt stetig von c und τ ab, falls c auf Σ_q variiert.[28] Es liegt also eine Deformation Δ_q^* von Σ_q vor.

Da die stückweise glatten Kurven, auf denen die reduzierte Bogenlänge als Parameter eingeführt ist, besondere Parameterkurven sind, so entspricht jedem Punkte von Ω ein bestimmter Punkt von Σ. Diese Zuordnung ist eine stetige Abbildung von Ω in Σ. Denn wenn zwei stückweise glatte Kurven a und b als Punkte von Ω eine Entfernung $< \varepsilon$ haben (in diese Entfernung ist nach § 13 die absolute Längendifferenz aufzunehmen), so haben entsprechende Punkte der Kurven auf $\mathfrak{M}^n$ erst recht eine Entfernung $< \varepsilon$, d. h. a und b, als Punkte von Σ betrachtet, haben in Σ ebenfalls eine Entfernung $< \varepsilon$. Die Bildmenge Ω' von Ω in Σ ist also das eineindeutige und stetige Bild von Ω. Trotzdem ist die Abbildung nicht topologisch, wie das Beispiel von S. 46 zeigt: eine in Ω divergente Punktfolge kann in eine konvergente Punktfolge von Ω' übergehen.

Es ist nun wichtig, daß wenigstens die kompakten Teilmengen von Ω topologisch in Ω' abgebildet werden.[29] Eine solche kompakte Teilmenge ist z. B. die Menge Ω_q aller Punkte von Ω, denen q-seitige Elementarpolygone auf $\mathfrak{M}^n$ entsprechen. Ist nämlich irgendeine unendliche Menge N solcher q-seitiger Elementarpolygone vorgegeben, so kann man daraus eine Teilmenge aussondern derart, daß die ν-ten Ecken aller Polygone der Teilmenge genau einen Häufungspunkt H_ν haben. Die Punkte $H_0, \ldots, H_q$ bestimmen dann ein q-seitiges Elementarpolygon. Dieses ist, als Punkt von Ω betrachtet, ein Häufungspunkt von N, d. h. Ω_q ist kompakt. — Es ist Ω_q eine Teilmenge von Ω_{q+1}, da man jedes q-seitige Elementarpolygon durch Unterteilung einer Seite zu einem $(q+1)$-seitigen machen kann.

Es sei nun die Zahl r gleich der k-ten Zusammenhangszahl R^k von Ω, falls R^k endlich ist, andernfalls eine beliebige natürliche Zahl. Es gibt dann auf Ω r homolog unabhängige k-Zykeln

$$\mathfrak{Z}_1^k, \ldots, \mathfrak{Z}_r^k.$$

Man kann annehmen, daß sie auf einem passenden Ω_q liegen, da man sie andernfalls (durch Anwendung des ersten Schrittes der Deformation D_α von S. 62) in Zykeln von Ω_q deformieren könnte.

$$'\mathfrak{Z}_1^k, \ldots, {}'\mathfrak{Z}_r^k$$

seien die entsprechenden Zykeln auf dem Bilde Ω_q' von Ω_q in Σ. Wir zeigen dann:

a) *$'\mathfrak{Z}_1^k, \ldots, '\mathfrak{Z}_r^k$ sind homolog unabhängig in* Σ. Daraus folgt für $R^k = \infty$, daß auch die k-te Zusammenhangszahl von Σ unendlich ist.

Ist dagegen $R^k = r$ endlich, so gilt:

b) *Jeder k-Zykel von Σ ist homolog abhängig von* $'\mathfrak{Z}_1^k, \ldots, '\mathfrak{Z}_r^k$, woraus zusammen mit a) wiederum die Übereinstimmung der k-ten Zusammenhangszahlen von Ω und Σ folgt.

Um b) zu beweisen, deformieren wir einen vorgegebenen k-Zykel von Σ zunächst durch Anwendung der Produktdeformation $\Delta_m{}^* \Delta_m$ für genügend großes m in einen homologen Zykel $'\mathfrak{Z}^k$ auf Ω'_m. Da die Beziehung zwischen Ω_m und Ω'_m topologisch ist, entspricht ihm auf Ω_m der Zykel $\mathfrak{Z}^k$. $\mathfrak{Z}^k$ ist in Ω homolog abhängig von $\mathfrak{Z}_1^k, \ldots, \mathfrak{Z}_r^k$, eine Homologie, die sich durch die stetige Abbildung von Ω nach Ω' auf die Zykeln $'\mathfrak{Z}^k, '\mathfrak{Z}_1^k, \ldots, '\mathfrak{Z}_r^k$ überträgt.

B e w e i s von a): Es sei

$$'\mathfrak{Z}^k = \varepsilon_1 '\mathfrak{Z}_1^k + \cdots + \varepsilon_r '\mathfrak{Z}_r^k \sim 0 \text{ auf } \Sigma,$$

es gibt also eine $(k+1)$-Kette $\mathfrak{D}^{k+1}$, für die

$$\Re \partial \mathfrak{D}^{k+1} = '\mathfrak{Z}^k$$

ist. Wir wenden eine passende Deformation Δ_m auf $\mathfrak{D}^{k+1}$ an, die $\mathfrak{D}^{k+1}$ in eine Kette $'\mathfrak{D}^{k+1}$ auf Σ_m überführt. $'\mathfrak{Z}^k$ überstreicht bei dieser Deformation eine Verbindungskette $\mathfrak{V}^{k+1}$. Da den Punkten von $'\mathfrak{Z}^k$ q-seitige Elementarpolygone auf $\mathfrak{M}^n$ entsprechen, die während der Deformation Δ_m in Parameterelementarpolygone mit weniger als $q + 2m$ Seiten übergehen, so liegt $\mathfrak{V}^{k+1}$ sicher in Σ_{q+2m}, so daß man wegen

$$\Re \partial ('\mathfrak{D}^{k+1} + \mathfrak{V}^{k+1}) = '\mathfrak{Z}^k$$

hat:

$$'\mathfrak{Z}^k \sim 0 \quad \text{auf } \Sigma_{q+2m}.$$

Läßt man noch die Deformation Δ^*_{q+2m} folgen, so wird dadurch Σ_{q+2m} in Ω'_{q+2m} übergeführt, während Ω'_{q+2m} und damit $'\mathfrak{Z}^k$ punktweise fest bleibt. Daher ist auch

$$'\mathfrak{Z}^k \sim 0 \quad \text{auf } \Omega'_{q+2m}.$$

Wegen der topologischen Beziehung zwischen Ω'_{q+2m} und Ω_{q+2m} ist also auch

$$\mathfrak{Z}^k = \varepsilon_1 \mathfrak{Z}_1^k + \cdots + \varepsilon_r \mathfrak{Z}_r^k \sim 0 \text{ auf } \Omega_{q+2m},$$

woraus wegen der Unabhängigkeit von $\mathfrak{Z}_1^k, \ldots, \mathfrak{Z}_q^k$ folgt: $\varepsilon_1 = \cdots = \varepsilon_r = 0$, was zu beweisen war.[30]

§ 22. Beliebige Randmannigfaltigkeiten.

Um die leitenden Gedanken hervortreten zu lassen, haben wir uns bisher auf das Variationsproblem mit festen Randpunkten beschränkt. Wir wollen jetzt zeigen, wie sich die Untersuchung auf beliebige Randmannigfaltigkeiten ausdehnen läßt.

1. Wir denken uns zwei geschlossene *Randmannigfaltigkeiten* $\mathfrak{A}$ und $\mathfrak{B}$ der Dimensionen a und b in die gegebene geschlossene Riemannsche Mannigfaltigkeit $\mathfrak{M}^n$ eingelagert; genauer unterscheiden wir $\mathfrak{A}$ und $\mathfrak{B}$ als *Anfangs- und Endmannigfaltigkeit.* Sie sollen den folgenden Voraussetzungen genügen: 1. Für die Dimensionen a und b gelten die Ungleichungen

$$0 \leqq a < n, \quad 0 \leqq b < n.$$

2. $\mathfrak{A}$ und $\mathfrak{B}$ sind punktfremd, topologisch und zweimal stetig differenzierbar eingelagert. Die Differenzierbarkeit der Einlagerung z. B. der Mannigfaltigkeit $\mathfrak{A}$ bedeutet: zu jedem Punkte A von $\mathfrak{A}$ gibt es eine Umgebung $\mathfrak{U}(A \mid \mathfrak{M}^n)$, innerhalb deren die Punkte von $\mathfrak{A}$ durch $n - a$ Gleichungen

$$(1) \qquad f_1(x_1, \ldots, x_n) = 0, \ \ldots, \ f_{n-a}(x_1, \ldots, x_n) = 0$$

bestimmt sind; $f_1, \ldots, f_{n-a}$ sind zweimal stetig differenzierbare Funktionen der lokalen Koordinaten $x_1, \ldots, x_n$, die zum Punkte A gehören, und die Funktionalmatrix

$$\begin{pmatrix} \frac{\partial f_1}{\partial x_1} \cdot \frac{\partial f_1}{\partial x_n} \\ \cdot \quad \cdot \quad \cdot \\ \frac{\partial f_{n-a}}{\partial x_1} \cdot \frac{\partial f_{n-a}}{\partial x_n} \end{pmatrix}$$

hat den Rang $n - a$.

Unser Variationsproblem ist nun: *Alle Geodätischen zu finden, die von $\mathfrak{A}$ nach $\mathfrak{B}$ führen und in den Randpunkten senkrecht auf den Randmannigfaltigkeiten stehen.* Wir nennen eine solche Geodätische eine *stationäre Geodätische* von $\mathfrak{A}$ nach $\mathfrak{B}$. Sind insbesondere $\mathfrak{A}$ und $\mathfrak{B}$ Punkte, so kommen wir auf das bisher behandelte Problem zurück.

2. Der Funktionalraum $\Omega = \Omega(\mathfrak{A}, \mathfrak{B})$, den wir zur Lösung der Frage heranziehen, besteht aus allen stückenweise glatten Kurven, die von $\mathfrak{A}$ nach $\mathfrak{B}$ führen. Es kommt uns auf die Zusammenhangszahlen von Ω an. Wir zeigen, daß sie weitgehend unabhängig von dem speziellen Variationsprobleme sind.

I. Wir beweisen zunächst, daß sich *die Zusammenhangszahlen von Ω nicht ändern bei Deformation der Randmannigfaltigkeiten $\mathfrak{A}$ und $\mathfrak{B}$.* Genauer: wir betrachten eine homotope Deformation von $\mathfrak{A}$ innerhalb $\mathfrak{M}^n$, deren Endergebnis eine topologische Abbildung von $\mathfrak{A}$ auf eine in $\mathfrak{M}^n$ liegende Mannigfaltigkeit $\mathfrak{A}'$ ist. Ist τ der Parameter der Deformation $(0 \leqq \tau \leqq 1)$, so entsprechen also den Werten $\tau = 0$ und $\tau = 1$ topologische Abbildungen von $\mathfrak{A}$, nämlich die identische Abbildung bzw. die Abbildung von $\mathfrak{A}$ auf $\mathfrak{A}'$. Allen anderen Werten von τ entsprechen dagegen Abbildungen von $\mathfrak{A}$, die im allgemeinen nur stetig, nicht eineindeutig sind. — Ist z. B. $\mathfrak{M}^n$ die 3-Sphäre und $\mathfrak{A}$ ein Knoten darin, so ist eine Deformation von $\mathfrak{A}$ in eine Kreislinie eine zugelassene Deformation. — Entsprechend werde $\mathfrak{B}$ innerhalb $\mathfrak{M}^n$ in eine homöomorphe Mannigfaltigkeit $\mathfrak{B}'$ deformiert. Bezeichnen wir nun den Funktionalraum der von $\mathfrak{A}'$ nach $\mathfrak{B}'$ laufenden stückweise glatten Kurven mit Ω', so lautet unsere Behauptung: *Ω und Ω' haben dieselben Zusammenhangszahlen.**)

Beweis: Ein Punkt A von $\mathfrak{A}$ beschreibt bei der Deformation von $\mathfrak{A}$ in $\mathfrak{A}'$ eine Kurve u mit dem Endpunkte A' auf $\mathfrak{A}'$. Der Parameter auf u ist der Deformationsparameter τ $(0 \leqq \tau \leqq 1)$. Wir markieren auf u die Punkte mit den Parameterwerten

$$\tau = 0, \frac{1}{q}, \frac{2}{q}, \ldots, \frac{q-1}{q}, 1$$

und wählen q so groß, daß die q Teilkurven, in die u hierdurch zerfällt, alle einen Durchmesser haben, der höchstens gleich der Elementarlänge d ist, und zwar wie man auch den Punkt A auf $\mathfrak{A}$ wählt; das geht, weil $\mathfrak{A}$ kompakt ist. Wir verbinden aufeinander folgende Teilpunkte durch Elementarstrecken und erhalten so ein Elementarpolygon $\bar{u}$. Da die Teilpunkte auf u stetig von A abhängen, so hängt auch $\bar{u}$ stetig von A ab, nach § 13 Absatz 7 V und Absatz 5. Ebenso kann man zu jedem Punkte B von $\mathfrak{B}$ ein Sehnenpolygon $\bar{v}$ nach dem entsprechenden Punkte B' von $\mathfrak{B}'$ konstruieren. Ordnen wir nun irgendeiner stückweise glatten, von A nach B laufenden Kurve c die von A' nach B' laufende Kurve $-\bar{u}+c+\bar{v}$ zu ($-\bar{u}$ bezeichnet die rückwärts durchlaufene Kurve $\bar{u}$), so ist durch diese Zuordnung

$$c \rightarrow -\bar{u}+c+\bar{v} \qquad (\varphi)$$

eine stetige Abbildung φ von Ω in Ω' gegeben. In der Tat ist $-\bar{u}+c+\bar{v}$ eine stückweise glatte Kurve (was von den Kurven u und v nicht notwendig gilt, daher der Übergang zu $\bar{u}$ und $\bar{v}$!), und es hängt $-\bar{u}+c+\bar{v}$ stetig von c ab. Denn $-\bar{u}+c+\bar{v}$ hängt nach § 13 Absatz 5 stetig von $-\bar{u}$, c und $\bar{v}$ ab, $-\bar{u}$ und $\bar{v}$ aber stetig von A und B und damit von c.

Ist anderseits c' irgend eine von einem Punkte A' von $\mathfrak{A}'$ nach einem Punkte B' von $\mathfrak{B}'$ laufende stückweise glatte Kurve, so machen wir die Zuordnung

$$c' \rightarrow \bar{u}+c'-\bar{v}. \qquad (\varphi')$$

Damit ist eine stetige Abbildung φ' von Ω' in Ω gegeben. — Läßt man nun auf die Abbildung φ die Abbildung φ' folgen, so erhält man eine stetige Selbstabbildung $\varphi'\varphi$ von Ω. Wie im Falle der festen Randpunkte (§ 21, I) beweist man nun, daß $\varphi'\varphi$ ebenso wie $\varphi\varphi'$ in die Identität deformierbar ist, und folgert daraus die Übereinstimmung der Zusammenhangszahlen von Ω und Ω'.

---

*) Die Zusammenhangszahlen ändern sich auch dann nicht, wenn $\mathfrak{A}'$ und $\mathfrak{B}'$ Punkte gemein haben. Die Punktfremdheit von $\mathfrak{A}$ und $\mathfrak{B}$ wird wesentlich erst in Absatz 7 zum Beweise der Gültigkeit der Axiome I und II nach § 18 benutzt. Alle Ergebnisse lassen sich übrigens auch auf den Fall übertragen, daß $\mathfrak{A}$ und $\mathfrak{B}$ höchstens endlich viele Punkte gemein haben.

II. Daß eine Abänderung der Riemannschen Metrik auf $\mathfrak{M}^n$ bei festgehaltenen Randmannigfaltigkeiten $\mathfrak{A}$ und $\mathfrak{B}$ auf die Zusammenhangszahlen des Funktionalraumes Ω keinen Einfluß hat, folgt ebenso wie für feste Randpunkte in § 21, II. Der Beweis ist wörtlich derselbe, nur hat man die Randpunkte A und B durch die Randmannigfaltigkeiten $\mathfrak{A}$ und $\mathfrak{B}$ zu ersetzen.

3. Unter einem stationären Punkte im Funktionalraume Ω verstehen wir jetzt einen, der einer stationären Geodätischen auf $\mathfrak{M}^n$ von $\mathfrak{A}$ nach $\mathfrak{B}$ entspricht. Wenn es zu einem stationären Punkte g eine Umgebung auf Ω gibt, in der g der einzige stationäre Punkt ist, so heißt g ein isolierter stationärer Punkt von Ω, und die entsprechende Geodätische auf $\mathfrak{M}^n$, die wir ebenfalls mit g bezeichnen, eine *isolierte stationäre Geodätische* von $\mathfrak{A}$ nach $\mathfrak{B}$. Für die isolierten stationären Geodätischen lassen sich die Typenzahlen wörtlich ebenso definieren wie in § 14.

4. Auch das Verfahren zur Berechnung der Typenzahlen einer isolierten stationären Geodätischen g ist nur unwesentlich von dem Falle der festen Randpunkte unterschieden (§ 14 Absatz 3f.). Zu den $r-1$ Zwischenmannigfaltigkeiten von § 14 Absatz 4 tritt jetzt noch vorn das a-dimensionale Anfangselement $\mathfrak{U}_0^a$ und hinten das b-dimensionale Endelement $\mathfrak{U}_r^b$ hinzu. Es sind das die ε-Umgebungen des Anfangspunktes A von g in bezug auf $\mathfrak{A}$ und des Endpunktes B von g in bezug auf $\mathfrak{B}$. Die berandete Mannigfaltigkeit $\mathfrak{P}$ wird von den Punkten von Ω gebildet, denen in $\mathfrak{M}^n$ r-seitige Elementarpolygone mit Ecken auf

$$\mathfrak{U}_0^a, \mathfrak{U}_1^{n-1}, \ldots, \mathfrak{U}_{r-1}^{n-1}, \mathfrak{U}_r^b$$

entsprechen. $\mathfrak{P}$ ist homöomorph dem topologischen Produkte

$$\mathfrak{U}_0^a \times \mathfrak{U}_1^{n-1} \times \cdots \times \mathfrak{U}_{r-1}^{n-1} \times \mathfrak{U}_r^b.$$

Wörtlich bleibt der Deformationssatz III vom § 14 erhalten; den Punkten von $\mathfrak{G}$ entsprechen stückweise glatte, von $\mathfrak{U}_0^a$ nach $\mathfrak{U}_r^b$ (aber nicht notwendig von A nach B) laufende Kurven.

Auch der Beweis des Deformationssatzes III bleibt im wesentlichen derselbe. Die Deformation des Absatzes 10 von § 14 wird wieder in zwei Schritten ausgeführt. Man geht im ersten Schritte von der gegebenen stückweise glatten Kurve $c\,(=c_0)$ mit dem Anfangspunkte $T_0(c)$ auf $\mathfrak{U}_0^a$ und dem Endpunkte $T_r(c)$ auf $\mathfrak{U}_r^b$ zu einem r-seitigen Elementarpolygone c_1 mit dem gleichen Anfangs- und Endpunkte über, dessen übrige $r-1$ Ecken „in der Nähe“ der Zwischenpunkte $U_1, \ldots, U_{r-1}$, aber im allgemeinen nicht auf den Zwischenmannigfaltigkeiten $\mathfrak{U}_1, \ldots, \mathfrak{U}_{r-1}$ liegen. Das Elementarpolygon c_1 schneidet die Zwischenmannigfaltigkeiten der Reihe nach in den Punkten $Q_1, \ldots, Q_{r-1}$ und wird beim zweiten Schritte in das Elementarpolygon c_2 mit den Ecken $T_0, Q_1, \ldots, Q_{r-1}, T_r$ deformiert.

Ist der Deformationssatz III bewiesen, so bleiben die Folgerungen von Absatz 13—14 in § 14 wieder wörtlich ungeändert.

5. Eine umfangreichere Ergänzung macht der Nachweis der Axiome I und II im Falle beliebiger Randmannigfaltigkeiten nötig, da wir das Senkrechtstehen der stationären Geodätischen auf den Randmannigfaltigkeiten zu berücksichtigen haben.

Unter der *ε-Umgebung*

$$\mathfrak{U}_\varepsilon(\mathfrak{A} \mid \mathfrak{M}^n)$$

der in $\mathfrak{M}^n$ *liegenden Randmannigfaltigkeit* $\mathfrak{A}$ verstehen wir die Gesamtheit der Punkte von $\mathfrak{M}^n$, deren Entfernung von $\mathfrak{A}$ kleiner als ε ist. Die ε-Umgebung heißt *normal*, wenn sich durch jeden Punkt P von $\mathfrak{U}_\varepsilon(\mathfrak{A} \mid \mathfrak{M}^n)$ genau eine Geodätische PP_0 ziehen läßt, die kürzer ist als ε und im Punkte P_0 auf $\mathfrak{A}$ senkrecht steht. Wir nennen PP_0 das *Lot* von P auf $\mathfrak{A}$ (liegt P auf $\mathfrak{A}$, so hat das Lot die Länge 0). P hat eine kleinere Entfernung von P_0 als von jedem anderen Punkte von $\mathfrak{A}$. Da wir $\mathfrak{A}$ als zweimal stetig differenzierbar in $\mathfrak{M}^n$ eingelagert voraussetzen, sind alle ε-Umgebungen von $\mathfrak{A}$ für hinreichend kleines ε normal.[31]

Wir konstruieren nunmehr wie im Falle der festen Randpunkte zu jedem nichtstationären J-Werte α eine J-Deformation D_α der Punktmenge $\{J \leqq \alpha\}$ in eine Teilmenge von $\{J < \alpha\}$. Wir zerlegen jetzt die Konstruktion in drei (statt in zwei) Schritte, bei denen wir den Deformationsparameter τ der Reihe nach die Intervalle 0 bis 1, 1 bis 2 und 2 bis 3 durchlaufen lassen. Die beiden ersten Schritte stimmen mit den beiden Schritten von § 16 Absatz 1 überein. Nur machen wir jetzt die Anzahl q der Teilintervalle so groß, daß $\frac{\alpha}{q}$ nicht nur kleiner als die Elementarlänge d wird, sondern daß überdies die $\frac{\alpha}{q}$-Umgebungen von $\mathfrak{A}$ und $\mathfrak{B}$ in $\mathfrak{M}^n$ normal sind. Die Randpunkte T_0 und T_q, die jetzt beliebige Punkte von $\mathfrak{A}$ und $\mathfrak{B}$ sind, bleiben bei den ersten beiden Schritten fest, und es werden nur die Geodätischen von $\mathfrak{A}$ nach $\mathfrak{B}$ unverkürzt gelassen. Den III. Schritt müssen wir hinzufügen, um auch noch diese zu verkürzen, sofern sie nicht stationär sind (nicht senkrecht auf $\mathfrak{A}$ und $\mathfrak{B}$ aufsitzen).

6. Der III. Schritt besteht darin, daß wir die Anfangsstrecke T_0M_1 und und ebenso die Endstrecke M_qT_q des Elementarpolygons c_2 durch die Lote M_0M_1 und M_qM_{q+1} auf $\mathfrak{A}$ bzw. $\mathfrak{B}$ ersetzen. Diese Lote existieren, weil wegen

$$T_0M_1 = \frac{1}{2}\,T_0T_1 \leqq \frac{1}{2}\,\frac{\alpha}{q} < \frac{\alpha}{q}$$

M_1 in der normalen $\frac{\alpha}{q}$-Umgebung von $\mathfrak{A}$ (und entsprechend M_q in der normalen $\frac{\alpha}{q}$-Umgebung von $\mathfrak{B}$) liegt. Man erhält so aus c_2 das Elementarpolygon c_3 mit den Ecken

$$M_0, M_1, \ldots, M_q, M_{q+1}.$$

c_2 müssen wir jetzt durch eine J-Deformation in c_3 überführen. Dabei lassen wir den Deformationsparameter τ, wie bereits erwähnt, von 2 bis 3 laufen. Wegen der zweimaligen stetigen Differenzierbarkeit der Einlagerung bezieht $\mathfrak{A}$ von der Riemannschen Metrik von $\mathfrak{M}^n$ her selbst eine Riemannsche Metrik mit stetig differenzierbaren Fundamentalgrößen $\bar{g}_{\varrho\sigma}(\varrho, \sigma = 1, \ldots, a)$. $\mathfrak{Y}$ sei die (offene) Menge aller Punkte Y von $\mathfrak{A}$, die von M_1 um weniger als $\frac{\alpha}{q}$ entfernt sind. Zu $\mathfrak{Y}$ gehört T_0, weil die Länge der Elementarstrecke $T_0 M_1$ höchstens gleich $\frac{\alpha}{2q}$ ist. Erst recht gehört dann der Lotfußpunkt M_0 dazu. In $\mathfrak{Y}$ ist die Entfernung YM_1 — jedenfalls*) für $Y \neq M_0$ — eine zweimal stetig differenzierbare Funktion

$$l\,(y, m)$$

der lokalen Koordinaten $y_1, \ldots, y_a$ des Punktes Y auf $\mathfrak{A}$ und der lokalen Koordinaten $m_1, \ldots, m_n$ des Punktes M_1 auf $\mathfrak{M}^n$, weil die Länge einer Elementarstrecke zweimal stetig differenzierbar von den Endpunkten abhängt (§ 13, Absatz 7) und die Mannigfaltigkeit $\mathfrak{A}$ zweimal stetig differenzierbar eingelagert ist. Die Funktion $l\,(y, m)$ hat bei festem (m) ihr Minimum in M_0 und außer in M_0 sicher keinen stationären Punkt in $\mathfrak{Y}$.[32] Da auf $\mathfrak{A}$ eine Riemannsche Metrik erklärt ist, so kommt der Funktion $l\,(y, m)$ bei festem (m) in bezug auf diese Metrik in jedem Punkte Y — wenigstens in jedem von M_0 verschiedenen — ein bestimmter Gradientenvektor zu, und die Gradientenvektoren setzen sich zu Fallinien zusammen, die in M_0 einmünden.[33] Wir lassen nun den Punkt T_0 auf seiner Fallinie im Zeitintervalle $2 \leqq \tau \leqq 3$ nach dem Punkte M_0 laufen und zwar mit gleichförmiger l-Geschwindigkeit $\left(\frac{dl}{d\tau} = \text{const.}\right)$. Ist $(T_0(c))_\tau$ der Punkt, in den $T_0(c)$ zur Zeit τ übergegangen ist, und $(T_q(c))_\tau$ der analog auf $\mathfrak{B}$ zu bestimmende Punkt, so ist die Kurve c_τ, in die c zur Zeit τ $(2 \leqq \tau \leqq 3)$ übergegangen ist, das Elementarpolygon mit den Ecken

$$(T_0(c))_\tau,\ M_1(c), \ldots, M_q(c),\ (T_q(c))_\tau \qquad (c_\tau).$$

Damit ist der Weg angegeben, den der Punkt c von Ω bei der Deformation D_α beschreibt. Nun müssen wir noch zeigen, daß es sich auch beim III. Schritte wirklich um eine Deformation handelt, d. h. daß c_τ stetig von c und τ im Intervalle $2 \leqq \tau \leqq 3$ abhängt. Dies folgt daraus, daß die Ecken $M_1(c), \ldots, M_q(c)$, die beim III. Schritte fest bleiben, stetig von c abhängen und der Anfangspunkt $(T_0(c))_\tau$ und der Endpunkt $(T_q(c))_\tau$ stetig von c und τ abhängt.[34]

7. Damit ist die J-Deformation D_α konstruiert. Von hier an übertragen sich alle Schlüsse vom Falle fester Randpunkte wörtlich. Insbesondere gilt also der Hauptsatz des § 19: *Hat der Funktionalraum* $\Omega = \Omega(\mathfrak{A}, \mathfrak{B})$

*) Auch für $Y = M_0$ ist $l\,(y, m)$ zweimal stetig differenzierbar, falls nicht etwa M_1 auf $\mathfrak{A}$ liegen sollte. Wir machen indessen von der Differenzierbarkeit nur für $Y \neq M_0$ Gebrauch.

unseres Variationsproblemes (S. 79) unendlich hohen Zusammenhang, so gibt es unendlich viele stationäre Geodätische von der Anfangsmannigfaltigkeit $\mathfrak{A}$ *nach der Endmannigfaltigkeit* $\mathfrak{B}$.

8. Noch weniger als im Falle fester Randpunkte gibt es ein allgemeines Verfahren, die Zusammenhangszahlen des Funktionalraumes $\Omega(\mathfrak{A}, \mathfrak{B})$ der stückweise glatten Kurven zwischen den Randmannigfaltigkeiten $\mathfrak{A}$ und $\mathfrak{B}$ festzustellen. *In dem besonderen Falle aber, daß die Randmannigfaltigkeiten sich auf* $\mathfrak{M}^n$ *bzw. in zwei Punkte* A' *und* B' *deformieren lassen, gilt, daß die Zusammenhangszahlen von* $\Omega(\mathfrak{A}, \mathfrak{B})$ *nicht kleiner als die entsprechenden des Funktionalraumes* $\Omega(A', B')$ *aller stückweise glatten Kurven von* A' *nach* B' *sind.*

Beweis: Bei der Deformation von $\mathfrak{A}$ in den Punkt A' beschreibt ein beliebiger Punkt A von $\mathfrak{A}$ eine Kurve u, die wir wie in Absatz 2 dieses Paragraphen durch ein Elementarpolygon $\bar{u}$ ersetzen. Entsprechend wird die Kurve v und das Elementarpolygon $\bar{v}$ eingeführt, das von einem beliebigen Punkt B von $\mathfrak{B}$ nach B' führt. Durch die Wahl von A und B und durch die Wahl der von A und B unabhängigen Anzahl q der Teilpunkte ist das Elementarpolygon $\bar{u}$ bzw. $\bar{v}$ vollständig festgelegt.

Wir konstruieren nun eine stetige Abbildung φ' von $\Omega(A', B')$ in $\Omega(\mathfrak{A}, \mathfrak{B})$, indem wir auf $\mathfrak{A}$ einen festen Punkt A_0 und auf $\mathfrak{B}$ einen festen Punkt B_0 und die zugehörigen Elementarpolygone $\bar{u}_0$ und $\bar{v}_0$ betrachten, die von A_0 nach A' bzw. von B_0 nach B' führen. Ist dann c' eine gegebene stückweise glatte Kurve von A' nach B', also ein Punkt von $\Omega(A', B')$, so ordnen wir ihr eine Kurve von A_0 nach B_0, also einen Punkt von $\Omega(\mathfrak{A}, \mathfrak{B})$ zu, nämlich

$$c' \rightarrow \bar{u}_0 + c' - \bar{v}_0 \qquad (\varphi').$$

Diese Abbildung φ' ist offenbar stetig. — Ebenso konstruieren wir eine stetige Abbildung φ von $\Omega(\mathfrak{A}, \mathfrak{B})$ in $\Omega(A', B')$. Sei c eine stückweise glatte Kurve, die von einem Punkte A von $\mathfrak{A}$ nach einem Punkte B von $\mathfrak{B}$ führt. Dann nehmen wir die Zuordnung vor

$$c \rightarrow -\bar{u} + c + \bar{v} \qquad (\varphi).$$

Das ist die stetige Abbildung φ. — Die Abbildung $\varphi\varphi'$, die entsteht, wenn wir erst φ' und dann φ ausüben, ist eine stetige Abbildung von $\Omega(A', B')$ in sich, die durch die Zuordnung

$$c' \rightarrow -\bar{u}_0 + \bar{u}_0 + c' - \bar{v}_0 + \bar{v}_0$$

gegeben wird. Diese Abbildung kann man ebenso wie in § 21, I in die identische Abbildung deformieren. Daraus folgert man die gewünschte Behauptung wie in § 21, I.

9. Wenn $\mathfrak{M}^n$ die n-Sphäre $\mathfrak{S}^n$ ist, so sind $\mathfrak{A}$ und $\mathfrak{B}$ wie alle eingelagerten Mannigfaltigkeiten auf einen Punkt zusammenziehbar. Da wir für das Problem der festen Randpunkte in $\mathfrak{S}^n$ schon den unendlich hohen Zusammenhang

des Funktionalraumes $\Omega(A', B')$ bewiesen haben, so folgt auf Grund des Hauptsatzes:

In einer mit dreimal stetig differenzierbarer Riemannscher Metrik versehenen n-Sphäre seien zwei geschlossene Mannigfaltigkeiten $\mathfrak{A}$ und $\mathfrak{B}$ punktfremd, topologisch und zweimal stetig differenzierbar eingelagert. Dann lassen sich $\mathfrak{A}$ und $\mathfrak{B}$ immer durch unendlich viele Geodätische verbinden, die senkrecht auf $\mathfrak{A}$ und $\mathfrak{B}$ stehen.

Anhang.

Stationäre Punkte auf geschlossenen Mannigfaltigkeiten.[36])

Die Ungleichungen $M^k \geqq R^k$ von § 5 muß man für tiefergehende Untersuchungen durch schärfere Ungleichungen ersetzen, die nach Morse unter gewissen Voraussetzungen — es müssen u. a. M^k und R^k endlich sein — folgendermaßen lauten:

$$\begin{gathered} M^0 \geqq R^0 \\ M^1 - M^0 \geqq R^1 - R^0 \\ M^2 - M^1 + M^0 \geqq R^2 - R^1 + R^0 \\ \cdots\cdots\cdots\cdots \end{gathered} \tag{1}$$

Aus ihnen folgt durch Addition zweier aufeinanderfolgender Ungleichungen:

$$M^k \geqq R^k.$$

Wir wollen die Formeln (1) hier für den Fall beweisen, daß Ω eine geschlossene n-dimensionale Mannigfaltigkeit ist, auf der wir eine zweimal stetig differenzierbare Funktion J mit endlich vielen stationären Punkten betrachten. Überdies sei Ω mit einer Riemannschen Metrik mit stetig differenzierbaren Fundamentalgrößen $g_{\mu\nu}$ ausgestattet. R^k bezeichnet die k-te Zusammenhangszahl von Ω, M^k die Summe der k-ten Typenzahlen, erstreckt über alle stationären Punkte. In diesem Falle bricht die Reihe der Ungleichungen (1) wegen $M^{n+1} = M^{n+2} = \cdots = 0$ und $R^{n+1} = R^{n+2} = \cdots = 0$ ab, und wir werden sehen, daß in der letzten Ungleichung sogar das Gleichheitszeichen gilt:

$$\begin{gathered} M^0 \geqq R^0 \\ M^1 - M^0 \geqq R^1 - R^0 \\ \cdots\cdots\cdots\cdots \\ M^n - M^{n-1} + \cdots \pm M^0 = R^n - R^{n-1} + \cdots \pm R^0. \end{gathered} \tag{2}$$

Diese Formeln haben eine einfache anschauliche Bedeutung, die wir uns zunächst unter der weiteren Voraussetzung klarmachen wollen, daß alle stationären Punkte nichtausgeartet sind und zu lauter verschiedenen stationären Werten gehören. Wir können dann die stationären Punkte nach ihrem Trägheitsindex k einteilen, $k = 0$ oder $1, 2, \ldots, n$, gemäß § 8.

Ist g ein stationärer Punkt vom Index k und $J(g) = \gamma$, so gibt es einen nicht nullhomologen relativen k-Zykel $\mathfrak{z}^k$ auf $\{J < \gamma\} + g \bmod \{J < \gamma\}$. Es sind dann zwei Fälle denkbar: entweder ist $\mathfrak{R}\partial\, \mathfrak{z}^k$ nullhomolog in $\{J < \gamma\}$ oder nicht. Im ersten Falle läßt sich $\mathfrak{z}^k$ unterhalb γ zu einem absoluten Zykel $\mathfrak{Z}^k$ ergänzen (S. 26). Es wird also die k-te Zusammenhangszahl von $\{J < \gamma\}$ durch die Hinzunahme von g um 1 größer: es kommt der *„neue Zykel"* $\mathfrak{Z}^k$ hinzu. Der stationäre Punkt g heißt dann *von aufsteigendem Typus.* Im zweiten Falle wird der absolute $(k-1)$-Zykel $\mathfrak{R}\partial\, \mathfrak{z}^k$, der in $\{J < \gamma\}$ nicht nullhomolog ist, durch Hinzunahme des Punktes g nullhomolog. Die $(k-1)$-te Zusammenhangszahl von $\{J < \gamma\}$ nimmt also bei Hinzunahme des Punktes g um 1 ab: $\mathfrak{R}\partial\, \mathfrak{z}^k$ ist ein *„neuberandender $(k-1)$-Zykel"*. g heißt dann *von absteigendem Typus.* — Im Falle der Figur 2 (S. 8) sind alle stationären Punkte von aufsteigendem Typus mit Ausnahme des tiefsten Sattelpunktes, in dem sich die Zusammenhangszahl der Dimension 0 von 2 auf 1 erniedrigt. Würde man die Figur 2 auf den Kopf stellen und ein wenig kippen, so daß zwei Maxima auftreten, ein absolutes und ein relatives, so wäre das relative Maximum ein stationärer Punkt von absteigendem Typus, weil bei seinem Überschreiten die erste Zusammenhangszahl von 3 auf 2 zurückgeht.

Ist nun α eine Zahl, die stetig vom Minimum von J bis zum Maximum wächst, so wird immer nur beim Überschreiten eines stationären Wertes eine Zusammenhangszahl von $\{J \leqq \alpha\}$ um 1 zunehmen oder abnehmen, je nachdem der betreffende Punkt von auf- oder absteigendem Typus ist. Wenn α das Maximum erreicht hat, hat man also für die Zusammenhangszahl R^k von Ω

$$R^k = M_+^k - M_-^{k+1}. \tag{3}$$

Dabei bezeichnet M_+^k bzw. M_-^k die Anzahl der stationären Punkte vom Index k von auf- bzw. absteigendem Typus. Die Anzahl M^k aller stationären Punkte vom Index k ist also

$$M^k = M_+^k + M_-^k. \tag{4}$$

Es ist

$$M_-^0 = M_-^{n+1} = 0, \tag{5}$$

da die Minima offenbar stationäre Punkte von aufsteigendem Typus sind und Punkte vom Trägheitsindex $n+1$ nicht vorhanden sind.

Durch Subtraktion von (3) und (4) ergibt sich

$$M^k - R^k = M_-^k + M_-^{k+1}$$

oder

$$M^0 - R^0 = M_-^1 \geqq 0$$

$$(M^1 - R^1) - (M^0 - R^0) = M_-^2 \geqq 0$$

$$\cdots\cdots\cdots\cdots$$

$$(M^n - R^n) - (M^{n-1} - R^{n-1}) + \cdots \pm (M^0 - R^0) = M_-^{n+1} = 0.$$

Das sind aber die Formeln (2).

Wir wollen nun diese Beweisskizze zu einem strengen Beweise ausgestalten. Wir lassen jetzt endlich viele beliebig ausgeartete stationäre Punkte zu, von denen auch verschiedene zum gleichen stationären J-Werte gehören dürfen.

Es sei β ein nichtstationärer Wert und γ der nächst kleinere stationäre. $\mathfrak{g}$ sei die Menge der endlich vielen stationären Punkte des J-Wertes γ. Indem man die Punkte von $\{J \leqq \beta\}$ längs der Fallinien von J absinken läßt*), erkennt man, daß es eine J-Deformation $D_{\beta\gamma}$ von $\{J \leqq \beta\}$ gibt, bei der $\{J \leqq \beta\}$ in eine Teilmenge von $\{J < \gamma\} + \mathfrak{g}$ übergeht.[35] Daraus folgt aber, daß *die Zusammenhangszahlen von* $\{J \leqq \beta\}$ *dieselben wie die von* $\{J < \gamma\} + \mathfrak{g}$ *sind.*

Wenn auf der anderen Seite α ein nichtstationärer Wert von J unterhalb γ ist, so daß zwischen α und γ kein stationärer Wert liegt, so behaupten wir, daß *die Zusammenhangszahlen von* $\{J \leqq \alpha\}$ *mit denen von* $\{J < \gamma\}$ *übereinstimmen.* Jeder Zykel von $\{J < \gamma\}$ liegt nämlich bereits auf einem gewissen $\{J \leqq \gamma - \varepsilon\}$ $(\varepsilon > 0)$ und geht daher bei der Deformation $D_{\gamma-\varepsilon,\gamma'}$ über in einen auf $\{J < \gamma\}$ homologen Zykel von $\{J \leqq \alpha\}$; γ' ist der erste stationäre Wert unterhalb $\gamma - \varepsilon$. Ist anderseits ein Zykel von $\{J \leqq \alpha\}$ nullhomolog in $\{J < \gamma\}$, so bereits auf einem gewissen $\{J \leqq \gamma - \varepsilon\}$. Durch Anwendung der Deformation $D_{\gamma-\varepsilon,\gamma'}$ erkennt man also, daß der Zykel bereits nullhomolog auf $\{J \leqq \alpha\}$ ist, woraus unsere Behauptung folgt. Anstatt die Zusammenhangszahlen von $\{J \leqq \alpha\}$ mit denen von $\{J \leqq \beta\}$ zu vergleichen, genügt es also, zu untersuchen, wie sich die Zusammenhangszahlen von $\{J < \gamma\}$ ändern, wenn man die Punktmenge $\mathfrak{g}$ hinzunimmt.

Es sei nun $m^k = m^k(\gamma)$ die k-te Typenzahl des J-Wertes γ im Sinne von § 4, also nach § 17 Satz II die Summe aus den k-ten Typenzahlen der einzelnen stationären Punkte der Menge $\mathfrak{g}$. (Der angeführte Satz II ist zwar in § 17 für den Funktionalraum Ω eines Variationsproblemes bewiesen, überträgt sich aber ungeändert auf unsere Mannigfaltigkeit Ω.)

m^k ist endlich nach dem Endlichkeitssatze von § 10. Es gibt also ein maximales System von m^k homolog unabhängigen relativen k-Zykeln auf $\{J < \gamma\} + \mathfrak{g}$ mod $\{J < \gamma\}$:

$$(6^k) \qquad \mathfrak{e}_1^k, \mathfrak{e}_2^k, \ldots, \mathfrak{e}_{m_+^k}^k; \mathfrak{n}_1^k, \mathfrak{n}_2^k, \ldots, \mathfrak{n}_{m_-^k}^k$$

$$m_+^k = m_+^k(\gamma), \; m_-^k = m_-^k(\gamma); \; m_+^k + m_-^k = m^k(\gamma).$$

Dabei dürfen wir annehmen, daß $\mathfrak{e}_1^k, \ldots, \mathfrak{e}_{m_+^k}^k$ ergänzbar im Sinne von § 6 sind, während keine Linearkombination der Zykeln $\mathfrak{n}_1^k, \ldots, \mathfrak{n}_{m_-^k}^k$ ergänzbar ist.

---

*) Da wir unsere Mannigfaltigkeit Ω mit einer Riemannschen Metrik ausgestattet haben, hat es einen Sinn, von Fallinien, das sind die orthogonalen Trajektorien der Niveauflächen $J = \text{const.}$, zu reden.

Wäre eine solche Linearkombination ergänzbar, so würden wir einen der Basiszykeln $\mathfrak{n}_1^k, \ldots, \mathfrak{n}_{m_-^k}^k$ durch sie ersetzen, und wir erhielten einen ergänzbaren Basiszykel mehr.

Die absoluten Zykeln

(7) $$\mathfrak{R}\partial\mathfrak{n}_1^{k+1}, \ldots, \mathfrak{R}\partial\mathfrak{n}_{m_-^k+1}^{k+1}$$

sind also homolog unabhängig auf $\{J<\gamma\}$, und wir können sie durch Hinzunehmen weiterer i^k k-Zykeln

(8) $$\mathfrak{J}_1^k, \mathfrak{J}_2^k, \ldots, \mathfrak{J}_{i^k}^k$$

zu einer Zusammenhangsbasis (= maximales System homolog unabhängiger Zykeln) von $\{J<\gamma\}$ vervollständigen.*) Dann ist die k-te Zusammenhangszahl von $\{J<\gamma\}$ gleich

(9) $$i^k + m_-^{k+1}.$$

Wir zeigen nun, daß die k-te Zusammenhangszahl von $\{J<\gamma\}+\mathfrak{g}$ gleich

(10) $$i^k + m_+^k$$

ist und daß eine Zusammenhangsbasis aus den Zykeln

(11) $$\mathfrak{J}_1^k, \ldots, \mathfrak{J}_{i^k}^k, \mathfrak{E}_1^k, \ldots, \mathfrak{E}_{m_+^k}^k$$

besteht, wobei $\mathfrak{E}_\mu^k$ ein durch Ergänzung von $\mathfrak{e}_\mu^k$ entstandener absoluter Zykel ist. In der Tat sind die Zykeln (11)

I. homolog unabhängig auf $\{J<\gamma\}+\mathfrak{g}$. Aus einer Homologie

(12) $$\sum_\varrho r_\varrho \mathfrak{J}_\varrho^k + \sum_\sigma s_\sigma \mathfrak{E}_\sigma^k \sim 0 \quad \text{auf } \{J<\gamma\}+\mathfrak{g}$$

folgt nämlich

$$\sum_\varrho r_\varrho \mathfrak{J}_\varrho^k + \sum_\sigma s_\sigma \mathfrak{E}_\sigma^k \sim 0 \quad \text{auf } \{J<\gamma\}+\mathfrak{g} \quad \text{mod } \{J<\gamma\},$$

also weil $\sum r_\varrho \mathfrak{J}_\varrho^k = 0 \quad \text{mod } \{J<\gamma\}$,

$$\sum_\sigma s_\sigma \mathfrak{e}_\sigma^k \sim 0 \quad \text{auf } \{J<\gamma\}+\mathfrak{g} \quad \text{mod } \{J<\gamma\}$$

und damit wegen der Unabhängigkeit der relativen Zykeln $\mathfrak{e}_1^k, \ldots, \mathfrak{e}_{m_+^k}^k$

(13) $$s_1 = s_2 = \cdots = s_{m_+^k} = 0.$$

Es bleibt somit von (12)

---

*) Es ist leicht zu sehen, daß $\{J<\gamma\}$ endliche Zusammenhangszahlen hat. Doch genügt es, wenn man ihre Endlichkeit als besondere Voraussetzung an dieser Stelle fordert. Sie ist sicher erfüllt, wenn γ das absolute Minimum von J ist. Aus dem Beweise ergibt sich dann, daß auch die k-te Zusammenhangszahl von $\{J<\gamma\}+\mathfrak{g}$, nämlich $i^k + m_+^k$, endlich ist.

$$\sum_{\varrho} r_\varrho \mathfrak{J}_\varrho^k \sim 0 \quad \text{auf } \{J<\gamma\} + \mathfrak{g}$$

oder

(14) $$\mathfrak{R}\partial \mathfrak{d}^{k+1} = \sum_{\varrho} r_\varrho \mathfrak{J}_\varrho^k,$$

wo $\mathfrak{d}^{k+1}$ eine auf $\{J<\gamma\} + \mathfrak{g}$ gelegene Kette ist. $\mathfrak{d}^{k+1}$ ist als relativer Zykel mod $\{J<\gamma\}$ homolog einer Linearkombination von (6^{k+1})

$$\mathfrak{d}^{k+1} \sim \sum_{\xi} x_\xi \mathfrak{e}_\xi^{k+1} + \sum_{\eta} y_\eta \mathfrak{n}_\eta^{k+1} \quad \text{auf } \{J<\gamma\} + \mathfrak{g} \quad \text{mod } \{J<\gamma\},$$

also wegen (14)

$$\sum_{\varrho} r_\varrho \mathfrak{J}_\varrho^k \sim \sum_{\xi} x_\xi \mathfrak{R}\partial \mathfrak{e}_\xi^{k+1} + \sum_{\eta} y_\eta \mathfrak{R}\partial \mathfrak{n}_\eta^{k+1} \quad \text{auf } \{J<\gamma\}.$$

Wegen der Ergänzbarkeit von $\mathfrak{e}_\xi^{k+1}$ ist aber

$$\mathfrak{R}\partial \mathfrak{e}_\xi^{k+1} \sim 0 \quad \text{auf } \{J<\gamma\},$$

so daß bleibt

$$\sum_{\varrho} r_\varrho \mathfrak{J}_\varrho^k \sim \sum_{\eta} y_\eta \mathfrak{R}\partial \mathfrak{n}_\eta^{k+1} \quad \text{auf } \{J<\gamma\}.$$

Da nach Konstruktion die Zykeln $\mathfrak{J}_\varrho^k$ homolog unabhängig auf $\{J<\gamma\}$ von den Zykeln $\mathfrak{R}\partial \mathfrak{n}_\eta^{k+1}$ sind, folgt

(15) $$r_1 = r_2 = \cdots = r_{i^k} = 0.$$

(13) und (15) zusammen besagen die Unabhängigkeit der Zykeln (11).

II. Die Zykeln (11) bilden ein **vollständiges System**, d. h. jeder k-Zykel $\mathfrak{Z}^k$ auf $\{J<\gamma\} + \mathfrak{g}$ ist homolog auf $\{J<\gamma\} + \mathfrak{g}$ einer Linearkombination der Zykeln (11).

$\mathfrak{Z}^k$ genügt nämlich, als relativer Zykel mod $\{J<\gamma\}$ betrachtet, einer Homologie

$$\mathfrak{Z}^k \sim \sum_{\varepsilon} e_\varepsilon \mathfrak{e}_\varepsilon^k + \sum_{\nu} n_\nu \mathfrak{n}_\nu^k \quad \text{auf } \{J<\gamma\} + \mathfrak{g} \quad \text{mod } \{J<\gamma\},$$

oder also

$$\mathfrak{Z}^k - \sum_{\varepsilon} e_\varepsilon \mathfrak{e}_\varepsilon^k \sim \sum_{\nu} n_\nu \mathfrak{n}_\nu^k \quad \text{auf } \{J<\gamma\} + \mathfrak{g} \quad \text{mod } \{J<\gamma\}.$$

Da links ein ergänzbarer relativer Zykel steht, so muß auch die rechte Seite ergänzbar sein, woraus $n_1^k = \cdots = n_{m_-^k}^k = 0$ folgt. Es ist daher

$$\mathfrak{Z}^k - \sum_{\varepsilon} e_\varepsilon \mathfrak{E}_\varepsilon^k \sim 0 \quad \text{auf } \{J<\gamma\} + \mathfrak{g} \quad \text{mod } \{J<\gamma\},$$

d. h. es ist

$$\mathfrak{Z}^k - \sum_{\varepsilon} e_\varepsilon \mathfrak{E}_\varepsilon^k \sim \text{ auf } \{J<\gamma\} + \mathfrak{g} \text{ einem absoluten Zykel von } \{J<\gamma\}.$$

Dieser ist aber auf $\{J<\gamma\}$ homolog einer Linearkombination von Zykeln (7) und (8), also auf $\{J<\gamma\}+\mathfrak{g}$ homolog einer Linearkombination von Zykeln (8), denn die Zykeln (7) sind nullhomolog in $\{J<\gamma\}+\mathfrak{g}$. Damit ist die Vollständigkeit bewiesen.

Durch Vergleich von (9) und (10) erkennt man, daß die k-te Zusammenhangszahl von $\{J<\gamma\}$ durch Hinzunahme der Punkte $\mathfrak{g}$ um

$$m_+^k(\gamma)-m_-^{k+1}(\gamma)$$

zugenommen hat. Summation über alle stationären Werte γ ergibt somit für die k-te Zusammenhangszahl der Mannigfaltigkeit Ω

$$R^k=M_+^k-M_-^{k+1},$$

$$M_+^k=\sum_\gamma m_+^k(\gamma), \qquad M_-^k=\sum_\gamma m_-^k(\gamma).$$

Anderseits ist die Summe der k-ten Typenzahlen über alle stationären Punkte

$$M^k=M_+^k+M_-^k.$$

Bedenkt man noch, daß $M_-^0=M_-^{n+1}=0$ ist, so folgen die Morseschen Formeln wie oben.

Die Morseschen Formeln (2) ergeben Abschätzungen für die Typenzahlen, nicht aber Abschätzungen für die Anzahlen der stationären Punkte, die auf einer bestimmten geschlossenen Mannigfaltigkeit Ω notwendig vorhanden sind. Nur wenn man sich auf nichtausgeartete stationäre Punkte beschränkt, ist M^k zugleich die Anzahl der stationären Punkte vom Trägheitsindex k. Z. B. gibt es wegen $M^k \geqq R^k$ auf einer geschlossenen orientierbaren Fläche vom Geschlechte h mindestens ein Minimum, ein Maximum und $2h$ Sattelpunkte, falls alle stationären Punkte nichtausgeartet sind. Man kann aber auf der Fläche leicht Funktionen J angeben, die außer einem Minimum und einem Maximum nur noch einen weiteren stationären Punkt besitzen, der dann die Typenzahlen

$$m^0=m^2=0, \quad m^1=2h$$

haben muß, also ein ausgearteter Sattelpunkt ist, von dem $2h+1$ Täler ausgehen. Man kann nämlich die Fläche vom Geschlechte h mit einem $(4h+2)$-Ecke überdecken, in dem gegenüberliegende Seiten paarweise zu identifizieren sind.*) Die $4h+2$ Ecken dieses Polygons werden dabei zu je $2h+1$ äquivalent, so daß auf der Fläche ein Zellsystem mit $\alpha^0=2$ Eckpunkten, $\alpha^1=2h+1$

*) W. Threlfall, Gruppenbilder, Abh. Sächs. Akad. Wiss. math.-phys. Klasse 41 (1932) S. 46, Zellsystem Nr. 9.

Kanten und $\alpha^2 = 1$ Flächenstücken entsteht. Den einen Eckpunkt mache man zum Minimum, den andern zum Maximum und den Mittelpunkt des Polygons zum Sattelpunkte, indem man die Funktion J passend in dem metrisch regulär spezialisierten $(4h+2)$-Ecke invariant gegenüber der zyklischen Gruppe der Ordnung $2h+1$ von Drehungen um den Mittelpunkt erklärt.

Es erhebt sich die Frage, ob es in jeder geschlossenen n-dimensionalen Mannigfaltigkeit möglich ist, Funktionen mit nur drei stationären Punkten, nämlich einem Minimum, einem Maximum und einem im allgemeinen ausgearteten stationären Punkte zu konstruieren. Das ist nicht der Fall. Bereits im dreidimensionalen projektiven Raume besitzt jede Funktion mindestens vier stationäre Punkte.

Solche Abschätzungen von Mindestzahlen gelingen mit Hilfe des Begriffes der *Kategorie* einer Mannigfaltigkeit. Eine geschlossene Mannigfaltigkeit Ω heißt von der Kategorie c, wenn man Ω mit c aber nicht mit weniger abgeschlossenen Mengen überdecken kann, deren jede sich auf Ω in einen Punkt deformieren läßt. Es gilt dann*) der

Satz: *Die Anzahl der stationären Punkte auf einer geschlossenen Mannigfaltigkeit Ω ist mindestens gleich der Kategorie von Ω.*

Beweis: Wir dürfen annehmen, daß die Funktion J nur endlich viele stationäre Punkte $g_1, \ldots, g_r$ hat. Zu jedem g_ϱ wählen wir eine abgeschlossene Zylinderumgebung $\mathfrak{C}_\varrho$, so daß $\mathfrak{C}_1, \ldots, \mathfrak{C}_r$ paarweise punktfremd sind (S. 38). Wir definieren dann zu jedem $\mathfrak{C}_\varrho$ eine abgeschlossene Punktmenge $\mathfrak{N}_\varrho$: zu jedem Punkte der „Dachfläche von $\mathfrak{C}_\varrho$" — sie wird von den Punkten von $\mathfrak{C}_\varrho$ gebildet, in denen J am größten ist — ziehen wir die Fallinie von J in Richtung wachsender J-Werte bis zu dem Punkte, wo sie in das Innere einer der übrigen Zylinderumgebungen $\mathfrak{C}_1, \ldots, \mathfrak{C}_{\varrho-1}, \mathfrak{C}_{\varrho+1}, \ldots, \mathfrak{C}_r$ eindringt. Diese Fallinienstücke zusammen mit $\mathfrak{C}_\varrho$ selbst bilden eine abgeschlossene Teilmenge $\mathfrak{N}_\varrho$ in Ω, die sich in einen Punkt deformieren läßt: man ziehe die Fallinien zunächst bis auf ihre Ausgangspunkte auf der Dachfläche von $\mathfrak{C}_\varrho$ zusammen und deformiere dann $\mathfrak{C}_\varrho$ in den Punkt g_ϱ. Da jede Fallinie, in Richtung abnehmender J-Werte durchlaufen, einmal auf der Dachfläche eines gewissen $\mathfrak{C}_\varrho$ mündet, so gehört jeder Punkt von Ω mindestens einer der abgeschlossenen Mengen $\mathfrak{N}_\varrho$ an. Daher ist die Kategorie von Ω höchstens r, was zu beweisen war.

---

*) Den Satz ebenso wie Begriff und Berechnung der Kategorie entnehmen wir aus L. Lusternik und L. Schnirelmann, Méthodes topologiques dans les problèmes variationnels, Actualités scient. et indust. 188 (Paris 1934). Inwieweit der Begriff der Kategorie auf Variationsrechnung insbesondere zum Zwecke der Abschätzung von Mindestzahlen geschlossener Geodätischer angewendet worden ist, konnten wir nicht feststellen.

Für die Berechnung der Kategorie einer Mannigfaltigkeit hat man kein allgemeines Verfahren. Doch lassen sich Abschätzungen angeben. Die Kategorie des projektiven Raumes ist $c = 4$, die des topologischen Produktes aus m Kreisen ist $c = m + 1$.

Aufgabe (H. Hopf): Wenn man eine orientierbare Fläche vom Geschlechte $h > 0$ zweimal stetig differenzierbar in den euklidischen xyz-Raum einlagert und auf ihr die Funktion $J = z$, also die Höhe eines Punktes über der xy-Ebene betrachtet, so ist zu zeigen, daß die Mindestzahl von (unter Umständen ausgearteten) Sattelpunkten dieser Funktion nicht 1, sondern 2 ist. Die entsprechende Aufgabe für mehr als zweidimensionale Mannigfaltigkeiten ist ungelöst.

Anmerkungen.

[1] (S. 13.) Die vorliegende Schrift ist von besonderen Vorkenntnissen unabhängig. Aus der Topologie gebraucht wird die Zusammenhangstheorie oder, was dasselbe ist, die Homologietheorie mod 2, die von der Orientierung absieht. Wir legen sie in einer unseren Zwecken angemessenen Form in §§ 1—3 dar. Ein Leser, der sich über diese knappe Darstellung hinaus zu unterrichten wünscht, sei auf folgende Bücher verwiesen:

1. Seifert und Threlfall, Lehrbuch der Topologie (Leipzig 1934). Die Zusammenhangstheorie ist dort der Homologietheorie mit Orientierung eingeordnet (III. und IV. Kapitel sowie Anm. 17 S. 318). Die Homologietheorie wird für Komplexe begründet, doch sind alle Begriffe und Beweise so gefaßt, daß sie sich auf metrische Räume übertragen.

2. O. Veblen, Analysis situs (2nd edit., Amer. Math. Soc. Colloquium publ. 5 Pt II, New York 1931). Leicht lesbare und elementare Begründung der Zusammenhangstheorie, unabhängig von der Homologietheorie mit Orientierung. Trotz der raschen Entwicklung der Topologie ist das Buch nur in Einzelheiten, z. B. was Strenge anlangt, überholt.

3. P. Alexandroff und H. Hopf, Topologie, I. Band (Springer 1935). Umfassende, sehr reichhaltige, strenge Darstellung der Homologietheorie, ausführliche Behandlung der topologischen und metrischen Räume.

Ausdrücklich erwähnt sei, daß wir uns der relativen Zykeln modulo einer Teilmenge bedienen. Diese wurden von S. Lefschetz, z. B. in seinem auf große Allgemeinheit gerichteten, schwer lesbaren Buche Topology (New York 1930) eingeführt. Wir erklären sie in einer den Bedürfnissen dieser Schrift angemessenen Form in § 3.

Wegen Literatur zur Variationsrechnung vergleiche man das Vorwort.

[2] (S. 16) Um die Zuordnung $p \to p_\tau$ als Deformation zu erweisen, müssen wir zeigen, daß p_τ stetig von p und τ abhängt. Das ist nur zweifelhaft für $\tau = 1$. Sei also $\mathfrak{U}(p_1 \mid \Omega)$ eine vorgegebene Umgebung eines Punktes p_1. Dann gibt es eine Umgebung $\mathfrak{U}(p \mid \mathsf{Z})$ und ein ε_1 von der Art, daß $p'_{\tau'}$ in $\mathfrak{U}(p_1 \mid \Omega)$ liegt, falls p' zu $\mathfrak{U}(p \mid \mathsf{Z})$ gehört und $1 - \varepsilon_1 < \tau' \leqq 1$ ist, weil der erste Schritt (1) eine Deformation ist. Es gibt ferner eine Umgebung $\mathfrak{U}(p_1 \mid \mathsf{Z}_1)$ und ein ε_2 von der Art, daß der Punkt $(p_1')_{\sigma'}$ in $\mathfrak{U}(p_1 \mid \Omega)$ liegt, falls p_1' in $\mathfrak{U}(p_1 \mid \mathsf{Z}_1)$ liegt und $0 \leqq \sigma' < \varepsilon_2$ ist. Da die durch (1) (S. 15) vermittelte Abbildung von Z auf Z_1 stetig ist, so gibt es eine Umgebung $\mathfrak{V}(p \mid \mathsf{Z})$, deren Bild ganz in $\mathfrak{U}(p_1 \mid \mathsf{Z}_1)$ liegt. Dann ist der Durchschnitt von $\mathfrak{U}(p \mid \mathsf{Z})$ und $\mathfrak{V}(p \mid \mathsf{Z})$ wieder eine Umgebung von p in bezug auf Z (in einem metrischen Raume ist der Durchschnitt zweier Umgebungen ebenfalls eine Umgebung), und ein Punkt p'_τ, für den p' in diesem Durchschnitt und τ im Intervalle $1 - \varepsilon_1 < \tau < 1 + \varepsilon_2$ liegt, gehört zu $\mathfrak{U}(p_1 \mid \Omega)$, was zu beweisen war.

[3] (S. 16) Zum Beweise, daß es sich um eine Deformation handelt, fassen wir die Zuordnungen (4) und (5) von S. 16 in eine einzige zusammen:

$$p \to p_\tau \quad (p \text{ in } \mathsf{Z}' + \mathsf{Z}'',\ 0 \leqq \tau \leqq 1) \tag{6}$$

und zeigen, daß p_τ stetig von p und τ abhängt.

(7) $$p^{(1)}, p^{(2)}, \ldots$$

sei eine nach p konvergierende Folge auf $Z' + Z''$,

$$\tau_1, \tau_2, \ldots$$

eine nach τ konvergierende Folge des Einheitsintervalles. Liegt dann p auf Z', aber nicht auf Z'', so liegen wegen der Abgeschlossenheit von Z'' fast alle Punkte der Folge (7) auf Z'. Die Folge

(8) $$p^{(1)}_{\tau_1}, p^{(2)}_{\tau_2}, \ldots$$

konvergiert also nach p_τ, weil (4) eine Deformation ist. Ebenso schließt man, wenn p auf Z'', aber nicht auf Z' liegt. Liegt endlich p auf dem Durchschnitt $Z' \wedge Z''$, so können wir ohne Beschränkung der Allgemeinheit annehmen, daß die in Z' liegenden Punkte von (7) eine unendliche Teilfolge

$$p^{(i)}, p^{(k)}, \ldots \qquad (i < k < \cdots)$$

bilden. Diese konvergiert nach p, also auch die Folge

$$p^{(i)}_{\tau_i}, p^{(k)}_{\tau_k}, \ldots,$$

da (4) eine Deformation ist. Bilden die übrigen Punkte der Folge (7) noch eine unendliche Folge, so liegt diese ganz in Z'', also konvergiert auch die entsprechende Teilfolge von (8) nach p, also auch die ganze Folge (8), was zu beweisen war.

4 (S. 17) Was im Texte Kette schlechthin genannt wird, ist in der Terminologie des Topologiebuches der Verfasser eine singuläre Kette mod 2; vergleiche IV. Kapitel und Anmerkung 17 S. 318 des Topologiebuches.

5 (S. 18) Ebenda S. 65.

6 (S. 18) Die mathematische Bedeutung des Identifizierens findet sich ebenda § 8.

7 (S. 19) Beweis ebenda § 19.

8 (S. 19) Es genügt, die im Text genannten Ketten $\mathfrak{B}^{k+1}$, $\mathfrak{B}^k$, $\mathfrak{X}_1{}^k$, $\mathfrak{X}_1^{k-1}$ für den Fall anzugeben, daß $\mathfrak{X}^k$ aus einem einzigen singulären Simplexe besteht. Sein Urbild sei $\bar{\mathfrak{X}}^k$. Wir betrachten dann das „Prisma“ $\bar{\mathfrak{X}}^k \times \mathrm{t}$, das ist das topologische Produkt aus $\bar{\mathfrak{X}}^k$ und der Einheitsstrecke t, das in bestimmter Weise in Simplexe eingeteilt wird (vgl. Topologiebuch der Verfasser § 29). Ist nun $\bar{p}$ ein Punkt von $\bar{\mathfrak{X}}^k$ und p der entsprechende von $\mathfrak{X}^k$ und ist die Deformation von $\mathfrak{X}^k$ durch $p \to p_\tau$ $(0 \leqq \tau \leqq 1)$ gegeben, so ordne man dem Punkte $\bar{p} \times \tau$ des Prismas den Punkt p_τ zu. Das ist eine stetige Abbildung des Prismas, bei der die triangulierten Punktmengen $\bar{\mathfrak{X}}^k \times \mathrm{t}$, $\bar{\mathfrak{X}}^k \times 1$, $(\mathfrak{Rd}\, \bar{\mathfrak{X}}^k) \times \mathrm{t}$, $(\mathfrak{Rd}\, \bar{\mathfrak{X}}^k) \times 1$ in die Ketten $\mathfrak{B}^{k+1}$, $\mathfrak{X}_1{}^k$, $\mathfrak{B}^k$, $\mathfrak{X}_1^{k-1}$ übergehen.

9 (S. 23) Um die möglichen Vorkommnisse von relativen Zykeln $\mathfrak{z}^k$ auf $\{J \leqq 0\}$ zu illustrieren, geben wir als Beispiele von relativen zum Werte 0 gehörigen 2-Zykeln etwa an: 1. eine Dreiecksfläche, die so in $\{J \leqq 0\}$ stetig abgebildet ist, daß der Rand ganz in einem der beiden Quadranten darin liegt, während ein Auswuchs der Fläche durch den Nullpunkt in den andern Quadranten hinübergezogen ist; 2. die Fläche eines Zylinders von endlicher Höhe, den man sich in Dreiecke simplizial zerlegt zu denken und so stetig in $\{J \leqq 0\}$ abzubilden hat, daß die beiden Randkreise in verschiedenen Quadranten liegen, während die Zylinderfläche, im Nullpunkte zusammengeschnürt, von einem nach dem andern Quadranten hinüberreicht.

10 (S. 23) Das Verfahren der simplizialen Approximation kann aus dem Topologiebuch der Verfasser (IV. Kapitel) erlernt werden.

10a (S. 26) Herr Morse macht uns darauf aufmerksam, daß die Axiome I und II immer erfüllt sind, wenn Ω der Raum der stetigen Kurven ist, die zwei feste Punkte

A und B einer geschlossenen n-dimensionalen Mannigfaltigkeit $\mathfrak{M}^n$ verbinden, wenn als Funktion J die (endliche oder unendliche) Kurvenlänge (Morse, Functional Topology, Annals of Math. 38, 1937, S. 429) in einer auf $\mathfrak{M}^n$ erklärten Riemannschen Metrik gewählt wird und der Abstand zweier Kurven durch die gewöhnliche Fréchetsche Metrik gegeben wird, vorausgesetzt, daß man statt der im Texte eingeführten Zykeln Vietoriszykeln benutzt.

Allgemeiner gelten die Axiome I und II bei Benutzung von Vietoriszykeln und Zulassung des Funktionswertes $J = \infty$ unter folgenden Bedingungen: 1. Ω ist ein beliebiger metrischer Raum; 2. es ist $J \geqq 0$; 3. für jedes endliche c ist die Teilmenge $\{J \leqq c)$ kompakt. Dann braucht man nicht einmal Voraussetzungen über die Stetigkeit oder Halbstetigkeit von J auf Ω zu machen. Die drei Bedingungen sind immer erfüllt, wenn J die Kurvenlänge im Funktionalraume der Verbindungskurven zweier festen Punkte von $\mathfrak{M}^n$ ist.

In der im Vorworte unter II angeführten Arbeit vereinigt Herr Morse die Axiome I und II in der sog. accessibility hypothesis. Er gründet dort die ganze Theorie auf diese accessibility hypothesis und auf ein zweites Axiom, die hypothesis of upper reducibility. Dieses ist immer erfüllt, wenn J stetig ist. Es wird nur dazu benutzt, zu beweisen, daß jede untere oder obere Homologiegrenze in einem gewissen homotopic critical point angenommen wird.

[11] (S. 28) Die Funktion J der Aufgabe ist sogar in dem durch einen unendlich fernen Punkt zur 3-Sphäre geschlossenen euklidischen Raume ausnahmelos regulär analytisch. Man kann sich an diesem nicht trivialen Beispiele die neuen, neuberandenden, invarianten und die Spannzykeln des Morseschen Buches zur Anschauung bringen.

[12] (S. 30) Daß $\mathfrak{y}^k$ auf $'\mathfrak{G}^-$ liegt, folgt so: Es ist nach (5) $\mathfrak{y}^k = \mathfrak{Rd}\,'\dot{\mathfrak{x}}^{k+1} - '\dot{\mathfrak{z}}^k$, und daher liegt $\mathfrak{y}^k$ auf $'\mathfrak{G}$. Subtrahiert (oder, was dasselbe ist, addiert) man die Gleichungen (4) und (5), so folgt: $\mathfrak{y}^k = \mathfrak{Rd}(\dot{\mathfrak{x}}^{k+1} - '\dot{\mathfrak{x}}^{k+1}) + \dot{\mathfrak{x}}^k$. Da $\dot{\mathfrak{x}}^k$ ebenso wie $\mathfrak{x}^k$ auf $\mathfrak{G}^-$ liegt und in der Differenz $\dot{\mathfrak{x}}^{k+1} - '\dot{\mathfrak{x}}^{k+1}$ sich die durch g gehenden Simplexe wegheben, so liegt $\mathfrak{y}^k$ auch auf $\mathfrak{G}^-$, also auf $'\mathfrak{G}^-$

[13] (S. 31) Rungescher Satz. Vergleiche Alexandroff-Hopf (Anm. [1]), l. c. S. 143.

[14] (S. 37) Liegt (x^0) in einer genügend kleinen Umgebung von p, so ist $x_\nu = \overline{\varphi}_\nu(J(p), x^0)$ der Treffpunkt der durch (x^0) gehenden Fallinie mit der Hyperfläche $\{J = J(p)\}$. Da, wenn (x^0) der Punkt p ist, auch (x) mit p zusammenfällt, so liegt dieser Treffpunkt (x) sicher auf $\mathfrak{c}$, wenn (x^0) hinreichend nahe bei p liegt. Daher enthält die Zylinderumgebung von p eine Umgebung des Punktes p und ist daher selber eine Umgebung.

[15] (S. 38) Um zu zeigen, daß es ein solches ε gibt, betrachte man die η-Umgebung $\mathfrak{U}_\eta$ von $\mathfrak{c}$, das ist die Menge aller Punkte, deren Entfernung von $\mathfrak{c}$ kleiner als η ist. η sei so klein, daß die abgeschlossene Hülle von $\mathfrak{U}_\eta$ in $\mathfrak{G}$ liegt. Wir behaupten nun, daß man das ε des Textes S. 38 so klein wählen kann, daß die unter 1., 2. und 3. aufgeführten Punkte sogar zu $\mathfrak{U}_\eta$ gehören. Daraus folgt dann übrigens, daß *es beliebig kleine Zylinderumgebungen des stationären Punktes g gibt.*

Gesetzt, es gäbe kein solches ε; dann gäbe es nach § 9 Absatz 3 zu jeder Zahl ε der Folge $1, \frac{1}{2}, \frac{1}{3}, \ldots, \frac{1}{i}, \ldots$ einen Punkt q_i der Art 1., 2. oder 3. auf der Begrenzung von $\mathfrak{U}_\eta$. Man kann — nötigenfalls nach Auswahl einer Teilfolge — annehmen, daß die Folge der Punkte q_i nach einem Punkte q der Begrenzung von $\mathfrak{U}_\eta$ konvergiert. q ist nichtstationär und $J(q) = 0$, weil $|J(q_i)| \leqq \frac{1}{i}$ und daher $\lim J(q_i) = 0$ ist. Man wähle nun eine zu $\mathfrak{c}$ punktfremde, in $\mathfrak{G}$ liegende Zylinderumgebung von q. Da in ihr fast alle q_i liegen, so gilt Gleiches von den Schnittpunkten der durch die Punkte q_i gehenden Fallinien mit $\{J=0\}$, die somit nicht zu $\mathfrak{c}$ gehören, im Widerspruche damit, daß die Punkte q_i von der Art 1., 2. oder 3. sind.

[16] (S. 38) Um zu zeigen, daß eine Zylinderumgebung $\mathfrak{C}$ des stationären Punktes g eine Umgebung ist, schlagen wir um g eine so kleine n-dimensionale offene Vollkugel $\mathfrak{K}$, daß $|J|<\varepsilon$ auf $\mathfrak{K}$ ist und daß der Durchschnitt von $\mathfrak{K}$ und $\{J=0\}$ zu $\mathfrak{c}$ gehört. Wäre nun $\mathfrak{C}$ keine Umgebung von g, so gäbe es in $\mathfrak{K}$ eine nach g konvergierende Punktfolge $a_1, a_2, \ldots$ außerhalb $\mathfrak{C}$. Wir können annehmen, daß alle a_i auf $\{J>0\}$ liegen, da man andernfalls nur eine Teilfolge zu bilden und nötigenfalls J durch $-J$ zu ersetzen brauchte. Die in a_i beginnende Fallinie kann nicht in g einmünden, da sonst a_i wegen $J(a_i)<\varepsilon$ zu $\mathfrak{C}$ gehörte. Sie kann aus demselben Grunde nicht durch einen Punkt von $\mathfrak{c}$ gehen. Sie muß folglich nach § 9 Absatz 3 die Begrenzung von $\mathfrak{K}$ in einem Punkte b_i mit $J\geqq 0$ erreichen. Nun ist wegen $\lim\limits_{i\to\infty} a_i=g$ auch $\lim\limits_{i\to\infty} J(a_i)=J(g)=0$, also erst recht $\lim\limits_{i\to\infty} J(b_i)=0$. Ist also b ein auf der Begrenzung von $\mathfrak{K}$ liegender Häufungspunkt der Punkte b_i, so ist $J(b)=0$. Nun liegen in einer Zylinderumgebung von b unendlich viele Punkte b_i und wegen $J(b_i)-J(a_i)\to 0$ auch unendlich viele Punkte a_i im Widerspruche damit, daß die Folge $a_1, a_2, \ldots$ nach g konvergiert.

[17] (S. 38) Um zu erkennen, daß es sich wirklich um eine Deformation handelt, müssen wir zeigen, daß der Punkt p_τ, in den p zur Zeit τ übergegangen ist, stetig von p und τ abhängt. Es genügt dabei, die Punkte p von $\{J\geqq 0\}$ zu betrachten, da die Punkte von $\{J<0\}$ einzeln fest bleiben. Wir unterscheiden drei Fälle.

1. p sei ein Punkt von $\mathfrak{C}$ mit $J(p)>0$ und $p_1\neq g$. Dann ist nach Gleichung (3) S. 36

$$x_\nu=\overline{\varphi}_\nu((1-\tau)\,J(x^0),\ x^0),$$

wobei $x_1^0, \ldots, x_n^0$ die Koordinaten von p und $x_1, \ldots, x_n$ die von p_τ sind. Offenbar hängt x_ν stetig ab von $x_1^0, \ldots, x_n^0$ und τ.

2. Wieder sei $J(p)>0$, aber $p_1=g$. p_τ hängt dann für $\tau<1$ von p und τ stetig ab auf Grund desselben Schlusses wie unter 1. Ist aber $\tau=1$, also $p_\tau=p_1=g$, so muß man zeigen, daß eine Punktfolge $p'_{\tau'}, p''_{\tau''}, \ldots$ stets nach $p_1=g$ konvergiert, falls $p', p'', \ldots$ nach p und $\tau', \tau'', \ldots$ nach 1 konvergieren. Nun hat $p^{(i)}_{\tau^{(i)}}$ den J-Wert $(1-\tau^{(i)})\,J(p^{(i)})$, der mit wachsendem i nach 0 geht. Es genügt also zu zeigen, daß $p_1', p_1'', \ldots$ nach g geht. Das folgt indirekt: hätte die letzte Folge einen von g verschiedenen Häufungspunkt auf $\{J=0\}$, so müßte auf der durch diesen Häufungspunkt gehenden Fallinie ein Häufungspunkt der Punkte $p', p'', \ldots$ liegen, während doch $p', p'', \ldots$ nach dem Punkte p konvergiert, dessen Fallinie in g einmündet.

3. Sei jetzt $J(p)=0$ und $p=p_1$. Dann ist $p_\tau=p_1$ für jedes τ. Ist nun $p', p'', \ldots$ eine nach p konvergierende Punktfolge und $\tau', \tau'', \ldots$ eine nach einem beliebigen Werte τ konvergierende Folge $(0\leqq\tau\leqq 1)$, so liegen fast alle Punkte $p', p'', \ldots$ in einer beliebig vorgegebenen Zylinderumgebung von $p=p_1$, also erst recht fast alle Punkte der Folge $p'_{\tau'}, p''_{\tau''}, \ldots$. Das heißt aber, die Folge $p'_{\tau'}, p''_{\tau''}, \ldots$ konvergiert nach $p=p_\tau$.

Damit ist bewiesen, daß p_τ in jedem Falle stetig von p und τ abhängt, also eine Deformation von $\mathfrak{C}$ vorliegt.

[18] (S. 42) Sei

$$\int F(x_1, \ldots, x_n;\ \dot{x}_1, \ldots, \dot{x}_n)\,dt=\text{extr.}$$

ein homogenes Variationsproblem, also F eine positiv homogene Funktion ersten Grades in den $\dot{x}_\nu$ und dreimal stetig differenzierbar in allen $2n$ Argumenten. Das Variationsproblem heißt *positiv regulär*, wenn die ausgeartete quadratische Form

$$\sum F_{\dot{x}_\mu \dot{x}_\nu} \lambda_\mu \lambda_\nu > 0$$

ist für $\lambda_\nu \neq \varrho \dot{x}_\nu$ ($\nu = 1, \ldots, n$, $\dot{x}_1^2 + \cdots + \dot{x}_n^2 \neq 0$); alsdann ist der Rangdefekt der Form $= 1$. Das Variationsproblem heißt *positiv*, wenn $F > 0$ ist für $\dot{x}_1^2 + \cdots + \dot{x}_n^2 \neq 0$.

[19] (S. 42) Nach S. S. Cairns, Triangulation of the manifold of class one (Bull. Amer. Math. Soc., August 1935, p. 550) ist eine solche differenzierbare Mannigfaltigkeit stets *triangulierbar*, also ein Komplex. In dem Topologiebuch der Verfasser wurde die Eigenschaft, ein Komplex zu sein, mit in die Definition der Mannigfaltigkeit aufgenommen.

[19a] (S. 42) Die Bezeichnung *kompakt* wird immer im Sinne von absolut kompakt gebraucht: ein Umgebungsraum $\mathfrak{A}$ heißt kompakt, wenn jede unendliche Teilmenge einen zu $\mathfrak{A}$ gehörigen Häufungspunkt hat, Alexandroff-Hopf, Topologie I (Berlin 1935) S. 84. Dagegen ist *abgeschlossen* immer ein Relativbegriff: eine Teilmenge $\mathfrak{B}$ eines Umgebungsraumes $\mathfrak{A}$ heißt abgeschlossen in $\mathfrak{A}$, wenn jeder Punkt von $\mathfrak{A}$, der Begrenzungspunkt von $\mathfrak{B}$ ist, zu $\mathfrak{B}$ gehört. — Die Abgeschlossenheit einer Teilmenge hat nichts mit der Geschlossenheit einer Mannigfaltigkeit im Sinne von § 11 zu tun.

[20] (S. 49) **1.** Um die vier Tatsachen aus der Variationsrechnung (§ 13 Absatz 7) zu beweisen, betrachten wir zunächst eine Umgebung eines festen Punktes T auf $\mathfrak{M}^n$. $x_1, \ldots, x_n$ seien lokale Koordinaten in der Umgebung von T; insbesondere sei $(x) = (0)$ der Punkt T selbst. Die Differentialgleichungen der Geodätischen lauten dann (nach Carathéodory, Variationsrechnung, 1934, S. 257)

$$(1) \qquad \frac{d}{d\tau} \sum_{\nu=1}^{n} g_{\lambda\nu} \dot{x}_\nu = \frac{1}{2} \sum_{\mu,\nu=1}^{n} \frac{\partial g_{\mu\nu}}{\partial x_\lambda} \dot{x}_\mu \dot{x}_\nu \qquad (\lambda = 1, \ldots, n).$$

Aus ihnen folgt für $\sum_{\mu,\nu=1}^{n} g_{\mu\nu} \dot{x}_\mu \dot{x}_\nu \neq 0$

$$\frac{d}{d\tau} \sqrt{\sum_{\mu,\nu=1}^{n} g_{\mu\nu} \dot{x}_\mu \dot{x}_\nu} = 0,$$

also

$$(2) \qquad \sqrt{\sum_{\mu,\nu=1}^{n} g_{\mu\nu} \dot{x}_\mu \dot{x}_\nu} = \frac{ds}{d\tau} = \text{const.}$$

längs der Geodätischen. Der Parameter τ ist also proportional der Bogenlänge s. Die Lösungen von (1) sind

$$(3) \qquad x_\nu = f_\nu(\tau, x^0, \dot{x}^0) \qquad (\nu = 1, \ldots; n).$$

Dabei bestimmen die Größen $x_1^0, \ldots, x_n^0$; $\dot{x}_1^0, \ldots, \dot{x}_n^0$ das Anfangslinienelement der Geodätischen, das für $\tau = 0$ angenommen wird. Da die τ-Achse des $(2n+1)$-dimensionalen $x\dot{x}\tau$-Raumes für $-\infty < \tau < +\infty$ eine Integralkurve von (1) ist, so sind die Funktionen f_ν für ein beliebig vorgegebenes τ-Intervall, etwa für $-1 \leqq \tau \leqq +1$ und für hinreichend kleine Umgebungen von $(x^0) = (\dot{x}^0) = (0)$, etwa für $\sum (x_\nu^0)^2 < \varepsilon$ und $\sum (\dot{x}_\nu^0)^2 < \varepsilon$, definiert und zweimal stetig differenzierbar in allen $2n+1$ Argumenten. (1) ist nämlich gleichbedeutend mit einem System von $2n$ Differentialgleichungen erster Ordnung in der Normalform, die man erhält, wenn man (1) nach den $\ddot{x}_\nu$ auflöst und $\dot{x}_\nu = y_\nu$ als neue unbekannte Funktionen einführt. Den Existenzbeweis findet man bei E. Kamke, Differentialgleichungen (Leipzig 1930), IV. Kapitel. — Aus der Tatsache, daß die Differentialgleichungen (1) richtig bleiben, wenn man τ durch $\frac{\tau}{k}$ ersetzt ($k = \text{const.} \neq 0$), ergeben sich die Identitäten

$$f_\nu\left(\frac{\tau}{k}, x^0, k\dot{x}^0\right) \equiv f_\nu(\tau, x^0, \dot{x}^0).$$

Man kann daher für $\tau \neq 0$ statt (3) auch schreiben

(4) $$x_\nu = f_\nu(1, x^0, \tau\dot{x}^0).$$

Diese Gleichungen gelten aber auch noch für $\tau = 0$, denn weil $(x) = \text{const.}$ eine Lösung von (1) ist, so gilt identisch in τ

$$x_\nu^0 = f_\nu(\tau, x^0, 0),$$

also ist insbesondere

$$x_\nu^0 = f_\nu(1, x^0, 0).$$

Setzt man noch zur Abkürzung

(5) $$\tau\dot{x}_\nu^0 = \xi_\nu \text{ und } f_\nu(1, x^0, \tau\dot{x}^0) = h_\nu(x^0, \xi),$$

so erhält man schließlich

(6) $$x_\nu = h_\nu(x^0, \xi);$$

insbesondere ist

(6′) $$x_\nu^0 = h_\nu(x^0, 0).$$

Die Größen $\xi_1, \ldots, \xi_n$ bezeichnen wir als die *Komponenten* des geodätischen Bogens von (x^0) nach (x). Durch die Komponenten ist die Anfangsrichtung nach (5) bestimmt, während die Länge des geodätischen Bogens nach (2) gleich ist

(7) $$\int_0^\tau \frac{ds}{d\tau}\,d\tau = \tau\sqrt{\sum_{\mu,\nu=1}^n g_{\mu\nu}(x^0)\,\dot{x}_\mu^0\,\dot{x}_\nu^0} = \sqrt{\sum_{\mu,\nu=1}^n g_{\mu\nu}(x^0)\,\xi_\mu\,\xi_\nu}.$$

2. Anstatt einen geodätischen Bogen durch seinen Anfangspunkt (x^0) und seine Komponenten (oder was dasselbe bedeutet: durch seinen Anfangspunkt, seine Anfangsrichtung und die Bogenlänge) zu bestimmen, wollen wir ihn jetzt durch seine beiden Randpunkte festlegen. Zu dem Zwecke lösen wir die Gleichungen (6) nach $\xi_1, \ldots, \xi_n$ auf. Die Auflösung ist in der Umgebung von $(x^0) = (\xi) = (0)$ möglich, da die Funktionaldeterminante

(8) $$\left|\frac{\partial h_\nu}{\partial \xi_\mu}\right|_{(x^0)=(\xi)=(0)} = 1$$

ist. Dies folgt durch Differentiation von (4) nach τ; es ist

$$\dot{x}_\nu = \sum_{\mu=1}^n \frac{\partial h_\nu(x^0, \xi)}{\partial \xi_\mu}\,\dot{x}_\mu^0.$$

Setzt man darin $(x^0) = (0)$, $\tau = 0$, so erhält man identisch in $(\dot{x}^0)$

$$\dot{x}_\nu^0 = \sum_{u=1}^n \dot{x}_\mu^0 \left(\frac{\partial h_\nu}{\partial \xi_\mu}\right)_{(\xi)=(x^0)=(0)},$$

somit

(8′) $$\left(\frac{\partial h_\nu}{\partial \xi_\mu}\right)_{(\xi)=(x^0)=(0)} = \delta_\mu^\nu.$$

Es gibt daher eine (offene) sphärische Umgebung $\mathfrak{X}$ des Punktes T und eine sphärische Umgebung Ξ von $(\xi) = (0)$ im Zahlenraume der $\xi_1, \ldots, \xi_n$ von der Art, daß das System (6) genau eine in Ξ liegende Lösung (ξ) besitzt, wenn (x^0) und (x) in $\mathfrak{X}$ liegen Die Auflösung mag heißen

(9) $$\xi_\nu = \chi_\nu(x^0, x).$$

Aus (6′) folgt überdies

(9′) $$0 = \chi_\nu(x^0, x^0).$$

Nach einem bekannten Satze über implizite Funktionen sind die χ_ν zweimal stetig differenzierbare Funktionen ihrer $2n$ Argumente (vgl. v. Mangoldt-Knopp, Höhere Mathematik, 2. Bd., Leipzig 1932, S. 382, Satz 2).

Die geodätische Verbindungslinie von (x^0) nach (x), deren Komponenten durch (9) gegeben sind, wollen wir den *ausgezeichneten geodätischen Verbindungsbogen* von (x^0) nach (x) nennen. Setzt man (9) in (7) ein, so findet man: *Die Länge des ausgezeichneten geodätischen Verbindungsbogens von (x^0) nach (x) ist eine stetige und für $(x) \neq (x^0)$ zweimal stetig differenzierbare Funktion der Koordinaten $x_1^0, \ldots, x_n^0$; $x_1, \ldots, x_n$ der Randpunkte; sie ist $= 0$ für $(x) = (x^0)$.*

3. Wir betrachten nun zwei Punkte (x^0) und (x^1) in der Umgebung $\mathfrak{X}$ von T. g^{01} sei der ausgezeichnete geodätische Verbindungsbogen, auf dem wir als Parameter die reduzierte Bogenlänge einführen, und (x) sei ein variabler Punkt auf g^{01}, dem die reduzierte Bogenlänge t zukommt $(0 \leqq t \leqq 1)$. g^{01} hat die Komponenten

$$\xi_\nu{}^1 = \chi_\nu(x^0, x^1) \qquad (\nu = 1, \ldots, n),$$

während die Komponenten des von (x^0) bis (x) reichenden Teilbogens von g^{01} nach (5) gleich

$$\xi_\nu = t\,\xi_\nu{}^1 \tag{10}$$

sind. Man hat also nach (6)

$$\begin{aligned} x_\nu &= h_\nu(x_1{}^0, \ldots, x_n{}^0;\ t\,\xi_1{}^1, \ldots, t\,\xi_n{}^1) \\ &= h_\nu(x_1{}^0, \ldots, x_n{}^0;\ t\,\chi_1(x^0, x^1), \ldots, t\,\chi_n(x^0, x^1)). \end{aligned} \tag{11}$$

Hieraus folgt: *Die Koordinaten des Punktes (x) sind zweimal stetig differenzierbare Funktionen von t; $x_1{}^0, \ldots, x_n{}^0$; $x_1{}^1, \ldots, x_n{}^1$.*

4. Hält man den Punkt (x^0) fest und läßt man $(x^1) \neq (x^0)$ auf einer stetig differenzierbaren Kurve

$$x_\nu{}^1 = x_\nu{}^1(s)$$

mit der Bogenlänge s laufen, so wird die Länge J des ausgezeichneten Bogens von (x_0) nach $(x^1(s))$ eine stetig differenzierbare Funktion $J(s)$ (Fig. 24). Führen wir auf dem ausgezeichneten Bogen die reduzierte Bogenlänge als Parameter ein und ist (x) der Punkt mit der reduzierten Bogenlänge t, so sind nach (11) die Koordinaten x_ν einmal stetig differenzierbare Funktionen von s und t, und Gleiches gilt von den partiellen Ableitungen $\dfrac{\partial x_\nu}{\partial t}$.

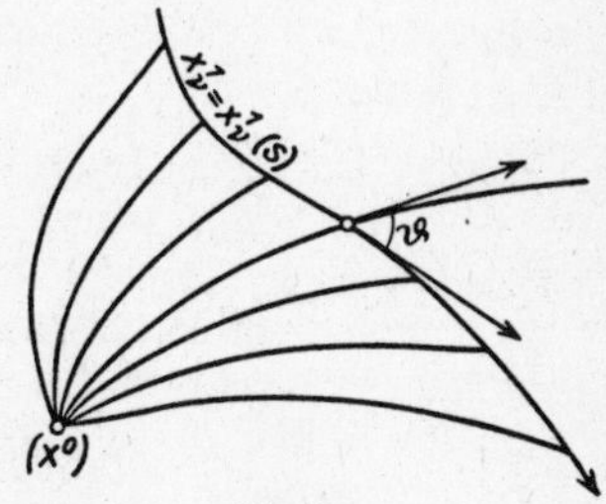

Fig. 24.

Wir berechnen nun die Ableitung $\dfrac{dJ}{ds}$. Es ist

$$J = \int_0^1 F(x, \dot{x})\,dt, \qquad F(x, \dot{x}) = \sqrt{\sum_{\mu,\nu=1}^{n} g_{\mu\nu}\,\dot{x}_\mu\,\dot{x}_\nu},$$

also

$$\frac{dJ}{ds} = \int_0^1 \sum_{\nu=1}^{n} \left(F_{x_\nu}\frac{\partial x_\nu}{\partial s} + F_{\dot{x}_\nu}\frac{\partial^2 x_\nu}{\partial t\,\partial s}\right) dt$$

$$= \int_0^1 \sum_{\nu=1}^{n} \left(F_{x_\nu} - \frac{d}{dt}F_{\dot{x}_\nu}\right)\frac{\partial x_\nu}{\partial s}\,dt + \left[\sum_{\nu=1}^{n} F_{\dot{x}_\nu}\frac{\partial x_\nu}{\partial s}\right]_0^1.$$

Das Integral der rechten Seite verschwindet auf Grund der Eulerschen Gleichungen (1); ebenso ist

$$\left[\frac{\partial x_\nu}{\partial s}\right]_0 = 0,$$

da (x^0) festgehalten wird. Also bleibt

$$(12) \qquad \frac{dJ}{ds} = \left[\sum_{\nu=1}^{n} F_{\dot{x}_\nu} \frac{\partial x_\nu}{\partial s}\right]_{(x)=(x^1)} = \left[\sum_{\nu=1}^{n} \frac{\sum\limits_{\mu=1}^{n} g_{\mu\nu}\dot{x}_\mu}{\sqrt{\sum\limits_{\mu,\lambda=1}^{n} g_{\mu\lambda}\dot{x}_\mu \dot{x}_\lambda}} \frac{\partial x_\nu}{\partial s}\right]_{(x)=(x^1)} = \cos\vartheta(s),$$

da $\left(\frac{\partial x_\nu}{\partial s}\right)$ ebenso wie $(F_{\dot{x}_\nu})$ ein Einheitsvektor ist. ϑ ist der Winkel zwischen der Tangente an die ausgezeichnete Geodätische von (x^0) nach $(x^1(s))$ und der Tangente an die Kurve $(x^1) = (x^1(s))$, gemessen in der Riemannschen Metrik von $\mathfrak{M}^n$. — Von diesem Ergebnis werden wir sogleich Gebrauch machen.

5. Wir nehmen eine abgeschlossene sphärische Umgebung $\overline{\mathfrak{X}}^0$ von T, deren Radius kleiner als der der offenen Umgebung $\mathfrak{X}$ ist. Es gibt dann ein positives δ von der Art, daß jeder geodätische Bogen der Länge δ, dessen Anfangspunkt (x^0) in $\overline{\mathfrak{X}}^0$ liegt, ganz zu $\mathfrak{X}$ gehört, insbesondere seinen Endpunkt (x^1) in $\mathfrak{X}$ liegen hat, und daß überdies seine Komponenten einen Punkt von Ξ ausmachen, das heißt aber, daß dieser Bogen der ausgezeichnete geodätische Bogen von (x^0) nach (x^1) ist. Gleiches gilt dann erst recht von jedem Teilbogen, der von (x^0) nach einem Punkte (x) des Bogens $(x^0)\,(x^1)$ führt. Hieraus folgt weiter wegen der Eindeutigkeit des ausgezeichneten Verbindungsbogens, daß *zwei geodätische Bögen der Länge δ, die von demselben Punkte x^0 in $\overline{\mathfrak{X}}^0$ ausgehen, nur den Punkt (x^0) gemein haben.*

6. Wir ziehen nun von einem solchen Punkt (x^0) nach allen Richtungen die geodätischen Bögen der Länge δ. Die von ihnen überdeckte Punktmenge nennen wir die *geodätische δ-Kugel* mit dem Mittelpunkte (x^0) und die von x^0 ausgehenden geodätischen Bögen der Länge δ ihre *Radien.* Durch jeden von (x^0) verschiedenen Punkt (x) der δ-Kugel geht genau ein Radius hindurch, und das Stück des Radius zwischen (x^0) und (x) hat eine bestimmte Länge $J(x)$. Ist nun $J(x) < \delta$, d. h. ist (x) nicht Endpunkt eines Radius, so kann man wegen der Stetigkeit von $J(x)$ (vgl. Absatz 2) eine hinreichend kleine Umgebung von (x) in $\mathfrak{M}^n$ derart angeben, daß die von (x^0) nach Punkten dieser Umgebung laufenden ausgezeichneten geodätischen Bögen ebenfalls kürzer als δ sind, das heißt aber, daß *die Punkte (x) der δ-Kugel, in denen $J(x) < \delta$ ist, ein G e b i e t (= zusammenhängende offene Teilmenge) auf $\mathfrak{M}^n$ ausmachen.*

7. Wir betrachten nun einen Radius $(x^0)\,(x^1)$ der δ-Kugel. Wir wollen beweisen, daß *der Radius kürzer ist als jede andere auf $\mathfrak{M}^n$ verlaufende stückweise glatte Verbindungskurve c seiner Randpunkte.* Wir nehmen zunächst an, daß c ganz auf der δ-Kugel mit dem Mittelpunkt (x^0) liegt. Für jeden Punkt (x) auf c hat die Funktion J einen bestimmten Wert $J(x)$, der von 0 bis δ variiert, wenn (x) die Kurve c durchläuft. Man hat also, wenn man auf c die Bogenlänge s als Parameter benutzt:

$$\delta = \int\limits_c dJ = \int\limits_c \frac{dJ}{ds}\, ds = \int\limits_c \cos\vartheta(s)\, ds \leqq \int\limits_c ds.$$

Dabei bezeichnet $\vartheta(s)$ wie in Formel (12) den Winkel, den die Tangente von c im Punkte $(x(s))$ mit dem durch $(x(s))$ gehenden Radius einschließt. Da nur endlich viele Knickpunkte auf c vorhanden sind, ist für den Integralwert die Wahl der Tangente in den Knickpunkten gleichgültig. Das Gleichheitszeichen gilt nur dann, wenn $\vartheta(s) \equiv 0$ ist, das heißt, wenn c mit dem Radius von (x^0) nach (x^1) zusammenfällt. — Wenn c nicht ganz auf der geodätischen δ-Kugel liegt, so gibt es einen ersten Punkt $(\bar{x})$ auf c, der ein Begrenzungspunkt der δ-Kugel ist. Es ist $J(\bar{x}) = \delta$, da die Punkte der δ-Kugel, in denen $J < \delta$ ist, ein Gebiet ausmachen, wie wir sahen. Das Stück von c, das von (x^0) bis $(\bar{x})$ reicht, ist dann bereits $\geqq \delta$ und daher c selbst sicher $> \delta$.

8. Ferner erkennt man, daß die *Entfernung des Punktes* $(x^0) = P$ *von einem beliebigen Punkte* Q *außerhalb der* δ*-Kugel* $> \delta$ *ist.* Denn eine stückweise glatte Verbindungskurve c von P und Q erreicht die Begrenzung der δ-Kugel zum ersten Male in einem bestimmten Punkte C, und daher ist die Länge von c größer als der Teilbogen PC von c, d. h. $> \delta$.

9. Nunmehr ergibt sich die *Elementarlänge* d folgendermaßen. Man bestimmt zu jedem Punkte T von $\mathfrak{M}^n$ eine Umgebung $\mathfrak{X}$, eine Umgebung $\bar{\mathfrak{X}}^0$ und eine Zahl δ. Dann kann man nach dem Heine-Borelschen Überdeckungssatze $\mathfrak{M}^n$ mit endlich vielen der Umgebungen $\bar{\mathfrak{X}}^0$ überdecken. Es seien dies die Umgebungen $\bar{\mathfrak{X}}_1{}^0, \ldots, \bar{\mathfrak{X}}_q{}^0$, die zugehörigen Mittelpunkte seien $T_1, \ldots, T_q$, die entsprechenden $\mathfrak{X}$-Umgebungen $\mathfrak{X}_1, \ldots, \mathfrak{X}_q$, schließlich seien $\delta_1, \ldots, \delta_q$ die zugehörigen Zahlen δ. Als d wählen wir die kleinste dieser Zahlen. Dieses d besitzt dann die Eigenschaften I—IV von S. 49, was wir jetzt beweisen.

I. Ein geodätischer Bogen von einer Länge $\leqq d$ liege mit seinem Anfangspunkte (x^0) in einer der q $\bar{\mathfrak{X}}^0$-Umgebungen, sagen wir in $\bar{\mathfrak{X}}_1{}^0$. Da seine Länge $\leqq \delta_1$ ist, ist er kürzer als alle anderen stückweise glatten Verbindungskurven seiner Randpunkte, nach Absatz 7.

II. Sind P und Q zwei Punkte auf $\mathfrak{M}^n$ und ist $\varrho(P, Q) \leqq d$, so liege P etwa in der Umgebung $\bar{\mathfrak{X}}_1{}^0$ und Q alsdann (nach Absatz 8) in der geodätischen δ_1-Kugel um P. Dann ist aber das Stück des geodätischen Radius von P bis Q kürzer als alle andern Verbindungskurven von P nach Q (nach Absatz 7) und somit $= \varrho(P, Q)$.

Da das eben erwähnte Stück des Radius von P bis Q ein ausgezeichneter geodätischer Bogen ist, sind auch die Eigenschaften III (nach Absatz 3) und IV (nach Absatz 2) erfüllt.

21 (S. 53) Da die Längen der Teilbögen von g kleiner als d, aber positiv sind, so kann man ε_0 zunächst so klein wählen, daß für jedes $\varepsilon \leqq \varepsilon_0$ die durch die Ungleichungen

$$\sum_{\mu=1}^{n-1} u_{\varrho\mu}^2 \leqq \varepsilon^2 \qquad (\varrho = 1, \ldots, r-1)$$

bestimmten Punktmengen $\mathfrak{U}_\varrho$ die ersten beiden Eigenschaften von S. 53 besitzen. $\alpha_\varrho \left(0 < \alpha_\varrho \leqq \frac{\pi}{2}\right)$ sei der Winkel, unter dem g das Element $\mathfrak{U}_\varrho$ trifft. Eine Elementarstrecke, die von einem Punkte P_ϱ von $\mathfrak{U}_\varrho$ nach einem Punkte von $\mathfrak{U}_{\varrho+1}$ (bzw. für $\varrho = r-1$ nach dem Punkte B) oder nach einem Punkte von $\mathfrak{U}_{\varrho-1}$ (bzw. für $\varrho = 1$ nach dem Punkte A) läuft, trifft $\mathfrak{U}_\varrho$ unter einem Winkel, der von α_ϱ beliebig wenig abweicht, wenn ε hinreichend klein ist. Insbesondere kann man erreichen, daß dieser Winkel $> \frac{\alpha_\varrho}{2}$ wird. Anderseits wird eine Elementarstrecke, die zwei Punkte P_ϱ und Q_ϱ von $\mathfrak{U}_\varrho$ verbindet, das Element $\mathfrak{U}_\varrho$ im Punkte P_ϱ unter einem Winkel treffen, der mit ε nach 0 geht (wegen der zweimaligen stetigen Differenzierbarkeit der Elementarstrecke und des $(n-1)$-dimensionalen Elementes $\mathfrak{U}_\varrho$), also jedenfalls $< \frac{\alpha_\varrho}{2}$ gemacht werden kann. Hat man ε so klein gewählt, so ist offenbar auch die dritte Bedingung von S. 53 erfüllt.

[22] (S. 53) Daß der Nullpunkt g ein isolierter stationärer Punkt auf $\mathfrak{P}$ ist, folgt so: $u_{11}, \ldots, u_{r-1,n-1}$ seien die Koordinaten eines Punktes von $\mathfrak{P}$. Dem Punkte entsprechen $r-1$ Punkte $Q_1, \ldots, Q_{r-1}$ auf den Elementen $\mathfrak{U}_1, \ldots, \mathfrak{U}_{r-1}$, den Faktoren von $\mathfrak{P}$. $J(u_{11}, \ldots, u_{r-1,n-1})$ ist die Länge des Elementarpolygones

$$Q_0 Q_1 \ldots Q_{r-1} Q_r \qquad (Q_0 = A,\ Q_r = B).$$

Man halte nun die Punkte $Q_0, \ldots, Q_{\varrho-1}, Q_{\varrho+1}, \ldots, Q_r$ fest und lasse den Punkt Q_ϱ auf der durch ihn hindurchgehenden $u_{\varrho 1}$-Linie (das ist die Linie $u_{\varrho 2} = \text{const.}, \ldots, u_{\varrho, n-1} = \text{const.}$) laufen. Dann ist $\dfrac{\partial J}{\partial u_{\varrho 1}}$ nach Formel (12) von S. 100 bis auf den Faktor $\dfrac{d u_{\varrho 1}}{d s}$ (s = Bogenlänge der $u_{\varrho 1}$-Linie) gleich der Differenz der Kosinus der Winkel, die die $u_{\varrho 1}$-Linie mit den Elementarstrecken $Q_{\varrho-1} Q_\varrho$ und $Q_\varrho Q_{\varrho+1}$ einschließt. Das Verschwinden der $n-1$ Ableitungen $\dfrac{\partial J}{\partial u_{\varrho 1}}, \ldots, \dfrac{\partial J}{\partial u_{\varrho, n-1}}$ ist also gleichbedeutend damit, daß die Tangentialvektoren an die Elementarstrecken $Q_{\varrho-1} Q_\varrho$ und $Q_\varrho Q_{\varrho+1}$ im Punkte Q_ϱ entweder zusammenfallen oder spiegelbildlich liegen zur Tangentialebene von $\mathfrak{U}_\varrho^{n-1}$ im Punkte Q_ϱ. Da aber die Tangentialvektoren an die Elementarstrecken $U_{\varrho-1} U_\varrho$ und $U_\varrho U_{\varrho+1}$ im Punkte U_ϱ zusammenfallen (und nicht spiegelbildlich zur Tangentialebene von $\mathfrak{U}_\varrho^{n-1}$ im Punkte U_ϱ liegen), so müssen aus Stetigkeitsgründen auch die Tangentialvektoren an die Elementarstrecken $Q_{\varrho-1} Q_\varrho$ und $Q_\varrho Q_{\varrho+1}$ im Punkte Q_ϱ übereinstimmen, vorausgesetzt, daß $Q_{\varrho-1}, Q_\varrho, Q_{\varrho+1}$ hinreichend nahe bei $U_{\varrho-1}, U_\varrho, U_{\varrho+1}$ liegen. Die ersten Ableitungen von J verschwinden also nur in denjenigen Punkten einer hinreichend kleinen Umgebung von g auf $\mathfrak{P}$, die stationären Geodätischen entsprechen. g ist aber voraussetzungsgemäß eine isolierte stationäre Geodätische. Also ist g in einer hinreichend kleinen Umgebung auf $\mathfrak{P}$ der einzige Punkt, in dem alle ersten Ableitungen von J verschwinden.

Man bezeichnet die quadratische Form, die aus den quadratischen Gliedern der Taylorentwicklung von J um den stationären Punkt g von $\mathfrak{P}$ gebildet wird, als die *Indexform* der stationären Geodätischen. Die Variablenzahl dieser Indexform hängt natürlich von der Anzahl der benützten Zwischenmannigfaltigkeiten ab. Dagegen ist Rangdefekt und Trägheitsindex allein durch die Geodätische bestimmt. Der Rangdefekt gibt die maximale Anzahl der linear unabhängigen infinitesimal benachbarten Geodätischen an, der Trägheitsindex die Anzahl der zum Anfangspunkte konjugierten Punkte, die zwischen Anfangspunkt und Endpunkt liegen und mit der richtigen Vielfachheit zu zählen sind. — Wir machen von diesen Ergebnissen keinen Gebrauch. Man findet sie in dem unter I im Vorworte angeführten Buche von M. Morse.

[23] (S. 54) Da die Teilstrecken $A U_1, U_1 U_2, \ldots, U_{r-1} B$ von g alle länger als Null und kürzer als die Elementarlänge d, also somit kürzer als ein gewisses $d - \delta$ $(\delta > 0)$ sind, kann man die Umgebungen $\mathfrak{u}_1, \ldots, \mathfrak{u}_{r-1}$ so klein wählen, daß die Bedingung I von S. 54 erfüllt ist.

Wir wollen nun $\mathfrak{u}_1, \ldots, \mathfrak{u}_{r-1}$ weiter verkleinern, so daß auch die Bedingungen II und III von S. 54 erfüllt sind. Dazu bemerken wir, daß man $\mathfrak{U}_\varrho^{n-1}$ $(\varrho = 1, \ldots, r-1)$ in einer hinreichend kleinen offenen n-dimensionalen Umgebung $\mathfrak{X}_\varrho$ des Punktes U_ϱ durch eine Gleichung

$$h_\varrho(x_{\varrho 1}, \ldots, x_{\varrho n}) = 0 \tag{1}$$

darstellen kann. Genauer: ein Punkt von $\mathfrak{X}_\varrho$ liegt dann und nur dann auf $\mathfrak{U}_\varrho^{n-1}$, wenn seine lokalen Koordinaten die Gleichung (1) befriedigen; dabei ist h_ϱ zweimal stetig differenzierbar, und der Vektor grad h_ϱ mit den kovarianten Komponenten

$$\frac{\partial h_\varrho}{\partial x_{\varrho 1}}, \ldots, \frac{\partial h_\varrho}{\partial x_{\varrho n}}$$

verschwindet nicht in U_ϱ. Man erhält die Funktion h_ϱ durch Elimination der Parameter $u_{\varrho 1}, \ldots, u_{\varrho, n-1}$ aus den Gleichungen (3) von S. 52. Indem man unter Umständen h_ϱ durch $-h_\varrho$ ersetzt, kann man erreichen, daß der Vektor grad h_ϱ im Punkte U_ϱ einen spitzen Winkel (gemessen in der Riemannschen Metrik von $\mathfrak{M}^n$) mit der (in Richtung wachsender Parameterwerte orientierten) Tangente von g einschließt; denn $\mathfrak{U}_\varrho^{n-1}$ wird von g im Punkte U_ϱ nicht berührt.

Es sei nun

$$T_0 T_1 \ldots T_{r-1} T_r \qquad (T_0 = A,\ T_r = B) \tag{2}$$

ein Elementarpolygon, dessen Ecken $T_1, \ldots, T_{r-1}$ der Reihe nach in den obigen, die Bedingung I erfüllenden Umgebungen $\mathfrak{u}_1, \ldots, \mathfrak{u}_{r-1}$ liegen. Auf jeder Seite des Elementarpolygons führen wir die reduzierte Bogenlänge t als Parameter ein. Wir wählen ferner ein ε zwischen 0 und 1, das wir sogleich noch näher bestimmen werden, und bezeichnen auf der Seite $T_{\varrho-1} T_\varrho$ den Punkt $t = \varepsilon$ mit $T_{\varrho-1}^+$, den Punkt $t = 1 - \varepsilon$ mit T_ϱ^-.

Betrachten wir nun zunächst das Elementarpolygon mit den Ecken

$$T_0 = A,\ T_1 = U_1,\ \ldots,\ T_r = B,$$

das auf unserer Geodätischen g liegt, so gilt bei hinreichender Kleinheit von ε offenbar:

a) Die Elementarstrecken $T_\varrho^- T_\varrho$ und $T_\varrho T_\varrho^+$ liegen in $\mathfrak{X}_\varrho$ ($\varrho = 1, \ldots, r-1$).

b) $T_{\varrho-1} T_\varrho^-$ und $T_\varrho^+ T_{\varrho+1}$ sind punktfremd zu dem Elemente $\mathfrak{U}_\varrho$.

c) in jedem Punkte der Elementarstrecken $T_\varrho^- T_\varrho$ und $T_\varrho T_\varrho^+$ schließt der Vektor grad h_ϱ einen spitzen Winkel (gemessen in der Riemannschen Metrik von $\mathfrak{M}^n$) mit der betreffenden Elementarstrecke ein.

d) Die Funktion h_ϱ ist im Punkte T_ϱ^- negativ, im Punkte T_ϱ^+ positiv.

e) Die Elementarstrecken $T_\varrho^- T_\varrho$ und $T_\varrho T_\varrho^+$ sind kürzer als $\frac{\delta}{4}$, wobei δ die oben eingeführte Zahl ist.

Überdies gilt nach Voraussetzung:

f) Die Elementarstrecken $T_0 T_1, \ldots, T_{r-1} T_r$ sind alle kürzer als $d - \delta$.

Hat man ε dementsprechend gewählt, so kann man nunmehr die Umgebungen $\mathfrak{u}_1, \ldots, \mathfrak{u}_{r-1}$ auf Grund von § 13 Absatz 7 so klein machen, daß die Bedingungen a) bis f) für jedes Elementarpolygon $T_0 T_1 \ldots T_{r-1} T_r$ erfüllt sind, dessen Ecken $T_1, \ldots, T_{r-1}$ der Reihe nach in $\mathfrak{u}_1, \ldots, \mathfrak{u}_{r-1}$ liegen.

Da nun h_ϱ wegen c) und d) längs des Elementarpolygons $T_\varrho^- T_\varrho T_\varrho^+$ von einem negativen Werte zu einem positiven Werte monoton wächst, hat $T_\varrho^- T_\varrho T_\varrho^+$ genau einen Schnittpunkt Q_ϱ mit $\mathfrak{U}_\varrho$. Wegen b) ist das zugleich der einzige Schnittpunkt des Elementarpolygons $T_{\varrho-1} T_\varrho T_{\varrho+1}$ mit $\mathfrak{U}_\varrho$.

Ferner sind die Teilbögen

$$T_0 Q_1,\ Q_1 Q_2,\ \ldots,\ Q_{r-1} T_r$$

des Elementarpolygons (2) alle kürzer als d, wegen e) und f).

Schließlich hängt Q_ϱ stetig von den Punkten $T_{\varrho-1}, T_\varrho, T_{\varrho+1}$ ab. Man wähle nämlich zum Punkte Q_ϱ eine beliebig kleine offene n-dimensionale Umgebung $\mathfrak{K}_\varrho$. $\mathfrak{U}_\varrho^*$ sei die (abgeschlossene) Menge aller Punkte von $\mathfrak{U}_\varrho$, die nicht zu $\mathfrak{K}_\varrho$ gehören. $\mathfrak{U}_\varrho^*$ ist punktfremd zu dem Elementarpolygone $T_{\varrho-1} T_\varrho T_{\varrho+1}$. Wegen der Abgeschlossenheit von $\mathfrak{U}_\varrho^*$ gilt dann Gleiches von jedem Elementarpolygone $T'_{\varrho-1} T_\varrho' T'_{\varrho+1}$, wenn nur die Punkte $T'_{\varrho-1}$, T_ϱ', $T'_{\varrho+1}$ genügend nahe bei $T_{\varrho-1}$, T_ϱ, $T_{\varrho+1}$ liegen. Der Schnittpunkt Q_ϱ' des Elementarpolygons $T'_{\varrho-1}T_\varrho' T'_{\varrho+1}$ mit $\mathfrak{U}_\varrho$ muß also zu $\mathfrak{K}_\varrho$ gehören. Das heißt aber, daß Q_ϱ stetig von den Punkten $T_{\varrho-1}$, T_ϱ, $T_{\varrho+1}$ abhängt.

[24] (S. 55) Den Beweis findet man in dem in Anmerkung [1] angeführten Buche von Alexandroff und Hopf S. 77.

[25] (S. 65) Daß es einen nächst kleineren stationären Wert γ gibt, folgt aus § 16 Absatz 4. Gäbe es keinen stationären Wert unterhalb α, so könnte man als die offene Punktmenge $\mathfrak{U}$ von § 16 Absatz 4 die leere Menge benutzen. Die Verkürzung hätte dann in $\{J \leqq \alpha\}$ eine positive untere Grenze im Widerspruch damit, daß $J \geqq 0$ ist auf Ω.

Die Existenz von γ folgt auch daraus, daß J auf Ω ein absolutes Minimum J_0 besitzt, das notwendig stationär ist. Zunächst hat J eine untere Grenze $J_0 \geqq 0$ auf Ω.

Um zu zeigen, daß der Wert J_0 wirklich angenommen wird, betrachten wir eine Folge von Kurven c', c'', ..., für die $\lim_{i\to\infty} J(c^{(i)}) = J_0$ ist. Man teile $c^{(i)}$ in q gleichlange Teilbögen, die alle höchstens gleich der Elementarlänge d sind, und ziehe das Sehnenpolygon $c_1^{(i)}$. Dann ist wegen $J(c_1^{(i)}) \leqq J(c^{(i)})$ auch $\lim_{i\to\infty} J(c_1^{(i)}) = J_0$. Die Folge c', c'', ... oder eine Teilfolge von ihr konvergiert nun nach einem bestimmten Elementarpolygon c_1, für das $J(c_1) = J_0$ sein muß. c_1 ist eine Geodätische von A nach B, da man sonst nach dem Verfahren von § 16 Absatz 1 eine noch kürzere Kurve konstruieren könnte.

[26] (S. 76) Um die stetige Abhängigkeit der Parameterkurve c_τ von c und τ zu beweisen, schätzen wir die Entfernung zweier Parameterkurven c_τ und $c'_{\tau'}$ ab. Es sei $\varepsilon > 0$ vorgegeben. Dann gibt es ein $\delta > 0$ derart, daß entsprechende Punkte (d. h. Punkte mit gleicher reduzierter Bogenlänge) zweier beliebiger Elementarstrecken auf $\mathfrak{M}^n$ um weniger als ε entfernt sind, falls die Anfangs- und ebenso die Endpunkte der beiden Elementarstrecken um weniger als δ entfernt sind. Das folgt aus der Kompaktheit von $\mathfrak{M}^n$ und aus § 13 Absatz 7 V. Wir können und wollen $\delta < \varepsilon$ annehmen. — Es sei nun die Entfernung der Parameterkurven c und c' kleiner als δ:

$$\varrho(c, c') < \delta.$$

Wir vergleichen zunächst die Kurven $c_{\tau'}$ und $c'_{\tau'}$. $c_{\tau'}$ entsteht aus c, indem man den Bogen von c zwischen den Punkten $\frac{\nu-1}{q}$ und $\frac{\nu-1+\tau'}{q}$ durch die Sehne ersetzt ($\nu = 1, \ldots, q$). Punkte dieser Sehne haben von den Punkten gleichen Parameterwertes p der entsprechenden Sehne von $c'_{\tau'}$ eine Entfernung $< \varepsilon$, da die Anfangspunkte und ebenso die Endpunkte dieser Sehnen um weniger als δ entfernt sind. Also haben, da $\delta < \varepsilon$ ist, die ganzen Parameterkurven $c_{\tau'}$ und $c'_{\tau'}$ eine Entfernung $< \varepsilon$

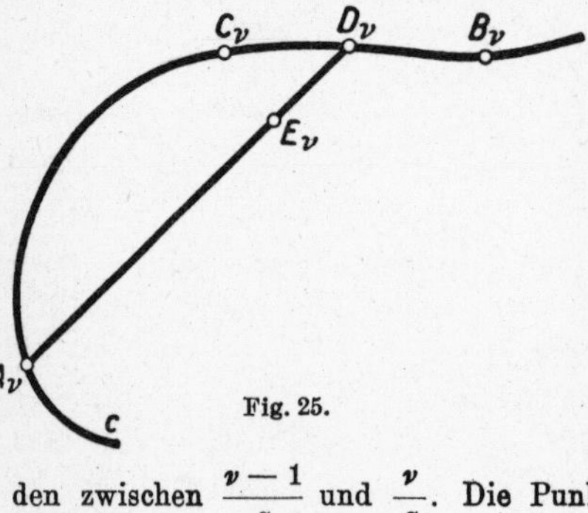

Fig. 25.

$$(1) \qquad \varrho(c_{\tau'}, c'_{\tau'}) < \varepsilon.$$

Nunmehr vergleichen wir die beiden Parameterkurven c_τ und $c_{\tau'}$ und betrachten zu dem Zwecke einen bestimmten Bogen auf c, etwa den zwischen $\frac{\nu-1}{q}$ und $\frac{\nu}{q}$. Die Punkte auf c mit den Parameterwerten $\frac{\nu-1}{q}$, $\frac{\nu}{q}$, $\frac{\nu-1+\tau}{q}$, $\frac{\nu-1+\tau'}{q}$ seien A_ν, B_ν, C_ν, D_ν (Fig. 25).

Ist nun $\tau = 0$, so kann man τ' so klein machen, daß der Bogen $C_\nu D_\nu = A_\nu D_\nu$ von c einen Durchmesser $< \frac{\varepsilon}{2}$ erhält. Dann haben entsprechende Punkte des Bogens $A_\nu D_\nu$ und der Sehne $A_\nu D_\nu$ eine Entfernung $< \varepsilon$ für $\nu = 1, \ldots, q$; d. h. es ist

(2) $$\varrho(c_\tau, c_{\tau'}) < \varepsilon.$$

Es sei jetzt $\tau' > \tau > 0$. Dann gibt es auf der Sehne $A_\nu D_\nu$ genau einen Punkt E_ν mit dem Parameter $\frac{\nu - 1 + \tau}{q}$. Die Elementarstrecke $E_\nu D_\nu$ hat die Länge $\varrho(E_\nu, D_\nu) = \varrho(A_\nu, D_\nu) \cdot \frac{\tau' - \tau}{\tau'} \leqq \frac{\tau' - \tau}{\tau'} d$ (d = Elementarlänge). Macht man nun $\tau' - \tau$ bei festem τ so klein, daß der Bogen $C_\nu D_\nu$ von c einen Durchmesser $< \frac{\delta}{2}$ erhält und $\frac{\tau' - \tau}{\tau'} d$ ebenfalls kleiner als $\frac{\delta}{2}$ wird ($\nu = 1, \ldots, q$), so hat jeder Punkt von $E_\nu D_\nu$ von dem entsprechenden Punkte des Bogens $C_\nu D_\nu$ eine Entfernung $< \delta$, also $< \varepsilon$. Ebenso sind entsprechende Punkte der Elementarstrecken $A_\nu C_\nu$ und $A_\nu E_\nu$ um weniger als ε entfernt, da $\varrho(C_\nu, E_\nu) < \delta$ ist. Somit gilt wieder die Ungleichung (2).

Ist schließlich $\tau > 0$, aber $\tau' < \tau$, so findet man durch eine entsprechende Betrachtung, daß für hinreichend kleines $\tau - \tau'$ ebenfalls die Ungleichung (2) besteht. Zusammen mit (1) hat man also

$$\varrho(c_\tau, c'_{\tau'}) < 2\varepsilon$$

für $\varrho(c, c') < \delta$ und hinreichend kleines $|\tau - \tau'|$. Da ε beliebig klein vorgegeben ist, so heißt das: c_τ hängt stetig von c und τ ab.

[27] (S. 76) Es sei $\mathfrak{F}$ eine kompakte Teilmenge von Σ, c ein Punkt auf $\mathfrak{F}$, also eine Parameterkurve auf $\mathfrak{M}^n$. Es gibt dann eine so große natürliche Zahl m, daß zwei Punkte auf c, deren Parameter sich um höchstens $\frac{1}{m}$ unterscheiden, eine Entfernung $< d - 2\delta$ haben $\left(\delta = \frac{d}{4}\right)$. Dabei ist d die Elementarlänge auf $\mathfrak{M}^n$. Ist dann c' eine Parameterkurve in der δ-Umgebung $\mathfrak{U}_\delta(c \mid \mathfrak{F})$, so haben zwei Punkte auf c', deren Parameter sich um höchstens $\frac{1}{m}$ unterscheiden, eine Entfernung $< d$. Nach dem Heine-Borelschen Überdeckungssatz (Alexandroff-Hopf, Topologie, S. 87) kann man $\mathfrak{F}$ mit endlich vielen δ-Umgebungen $\mathfrak{U}_\delta(c_1 \mid \mathfrak{F}), \ldots, \mathfrak{U}_\delta(c_r \mid \mathfrak{F})$ überdecken. Sind $m_1, \ldots, m_r$ die zu $c_1, \ldots, c_r$ gehörigen Zahlen m, so setze man $q = \operatorname{Max}(m_1, \ldots, m_r)$.

[28] (S. 77) Zum Beweise, daß c_τ stetig von c und τ abhängt, schätzen wir die Entfernung zweier Parameterkurven c_τ und $c'_{\tau'}$ ab. Die beiden q-seitigen Parameter-Elementarpolygone c und c' mögen eine Entfernung $< \varepsilon$ haben:

(1) $$\varrho(c, c') < \varepsilon.$$

Da wir $A \neq B$ vorausgesetzt haben, so sind c und c' sicher keine Punktkurven. Den Ecken von c werden auf c' im allgemeinen keine Ecken entsprechen und umgekehrt.*) Man kann aber weitere Ecken auf c und c' künstlich einführen, so daß man zwei höchstens $(2q - 1)$-seitige Parameter-Elementarpolygone erhält — wir bezeichnen sie wieder mit c und c' —, deren Ecken entsprechende Punkte sind. Es seien nun P und P' irgend zwei entsprechende Punkte auf c und c'. Sie haben den gleichen Parameter p, doch im allgemeinen verschiedene reduzierte Bogenlängen t und t'. Es ist nämlich $t = \frac{J(a)}{J(c)}$, $t' = \frac{J(a')}{J(c')}$, wenn a bzw. a' die Teilkurve von c bzw. c'

---

*) Wir erinnern daran, daß entsprechende Punkte zweier Parameterkurven Punkte mit demselben Parameterwerte sind.

vom Anfangspunkt bis zum Punkt P bzw. P' bezeichnet. Da nun wegen (1) entsprechende Ecken von c und c' um weniger als ε entfernt sind, so unterscheiden sich die Längen entsprechender Seiten um weniger als 2ε, und folglich ist $|J(c)-J(c')| < 2(2q-1)\varepsilon < 4q\varepsilon$. Erst recht ist $|J(a)-J(a')| < 4q\varepsilon$. Daher ist

$$|t-t'| = \left|\frac{J(a)}{J(c)} - \frac{J(a')}{J(c)} + \frac{J(a')}{J(c)} - \frac{J(a')}{J(c')}\right|$$

$$\leqq \frac{|J(a)-J(a')|}{J(c)} + \frac{J(a')}{J(c')}\cdot\frac{|J(c')-J(c)|}{J(c)} \leqq \frac{|J(a)-J(a')|}{J(c)} \tag{2}$$

$$+\frac{|J(c)-J(c')|}{J(c)} < \frac{8q\varepsilon}{J(c)}.$$

Neben dem Punkte P mit dem Parameter p betrachten wir auf c den Punkt Q mit der reduzierten Bogenlänge p. Ebenso habe Q' auf c' die reduzierte Bogenlänge p. Q und Q' teilen also c bzw. c' im Verhältnis $p:(1-p)$. Ferner sei R_τ der Punkt auf dem Bogen PQ, der denselben im Verhältnis $\tau:(1-\tau)$ teilt. Entsprechend teile $R'_{\tau'}$ den Bogen $P'Q'$ von c' im Verhältnis $\tau':(1-\tau')$. Die reduzierten Bogenlängen von R_τ und $R'_{\tau'}$ sind

$$t+\tau(p-t) \tag{3}$$

und

$$t'+\tau'(p-t'). \tag{3'}$$

R_τ und $R'_{\tau'}$ sind entsprechende Punkte auf den Parameterkurven c_τ und $c'_{\tau'}$. Ihre Entfernung haben wir abzuschätzen. Zu dem Zwecke führen wir noch einen Punkt X auf c ein, der dem Punkte $R'_{\tau'}$ auf c' entspricht. (Unter Umständen gibt es unendlich viele solche Punkte X, nämlich dann, wenn $R'_{\tau'}$ einer Seite von der Länge 0 des Parameter-Elementarpolygons c' angehört.) Dann ist

$$\varrho(R_\tau, R'_{\tau'}) \leqq \varrho(X, R_\tau) + \varrho(X, R'_{\tau'}). \tag{4}$$

Wegen (1) ist

$$\varrho(X, R'_{\tau'}) < \varepsilon. \tag{5}$$

Um $\varrho(X, R_\tau)$ abzuschätzen, bedenken wir, daß die reduzierte Bogenlänge x von X sich von derjenigen des Punktes $R'_{\tau'}$ um weniger als $\frac{8q\varepsilon}{J(c)}$ unterscheidet (nach Formel (2)), denn X und $R'_{\tau'}$ sind entsprechende Punkte auf c und c'. Man hat also wegen (3')

$$|x-[t'+\tau'(p-t')]| < \frac{8q\varepsilon}{J(c)}.$$

Der Bogen XR_τ von c hat dann wegen (3) die Länge

$$J(c)\,|x-[t+\tau(p-t)]|$$
$$= J(c)\,|x-[t'+\tau'(p-t')]+[t'+\tau'(p-t')]-[t+\tau(p-t)]|$$
$$< 8q\varepsilon + J(c)\,|[t'+\tau'(p-t')]-[t+\tau(p-t)]|$$
$$\leqq 8q\varepsilon + J(c)\,|t-t'| + J(c)\,p\,|\tau-\tau'| + J(c)\,|\tau t-\tau' t'|.$$

Hierin ist

$$|\tau t-\tau' t'| = |\tau t-\tau t'+\tau t'-\tau' t'| \leqq \tau\,|t-t'| + t'\,|\tau-\tau'|$$
$$\leqq |t-t'| + |\tau-\tau'|$$

und

$$0 \leqq p \leqq 1.$$

Erst recht gilt daher für die Entfernung

$$\varrho(X, R_t) < 8q\varepsilon + 2J(c)\,|t - t'| + 2J(c)\,|\tau - \tau'|,$$

also mit Benutzung von (2)

$$\varrho(X, R_\tau) < 24q\varepsilon + 2J(c)\,|\tau - \tau'|.$$

Wegen (4) und (5) folgt daher

$$\varrho(R_\tau, R'_{\tau'}) < (24q + 1)\varepsilon + 2J(c)\,|\tau - \tau'|.$$

Für $\varrho(c_\tau, c'_{\tau'})$ gilt daher dieselbe Abschätzung, womit die stetige Abhängigkeit der Parameterkurve c_τ von c und τ bewiesen ist.

[29] (S. 77) Eine eineindeutige, stetige Abbildung eines kompakten metrischen Raumes in einen andern metrischen Raum ist eine topologische Abbildung. Beweis bei ALEXANDROFF und HOPF, Topologie (Berlin 1935), S. 95, Satz III.

[30] (S. 78) Der Beweis des Textes, der auf MORSE zurückgeht, zeigt, daß die Zusammenhangszahlen der Funktionalräume homöomorpher Riemannscher Mannigfaltigkeiten übereinstimmen, daß die Zusammenhangszahlen des Funktionalraumes Ω also topologische Invarianten der Mannigfaltigkeit $\mathfrak{M}^n$ sind. Wir haben nicht bewiesen, daß die Funktionalräume homöomorpher Mannigfaltigkeiten selbst homöomorph sind. Indessen verdanken wir einer brieflichen Mitteilung des Herrn B. L. VAN DER WAERDEN das Ergebnis, daß die Funktionalräume Riemannscher Mannigfaltigkeiten, die eineindeutig und stetig differenzierbar aufeinander bezogen sind, selbst homöomorph sind.

[31] (S. 82) Um zu zeigen, daß alle ε-Umgebungen von $\mathfrak{A}$ für hinreichend kleines ε normal sind, genügt es, den Fall zu betrachten, daß $\mathfrak{A} = \mathfrak{A}^a$ die Dimension $a = n - 2$ hat, da der Beweis im allgemeinen Falle entsprechend verläuft. Die Mannigfaltigkeit $\mathfrak{A}$ werde in einer Umgebung $\mathfrak{U}(A\,|\,\mathfrak{M}^n)$ eines Punktes A von $\mathfrak{A}$ durch zwei Gleichungen

$$u(x_1, \ldots, x_n) = 0, \qquad v(x_1, \ldots, x_n) = 0 \tag{1}$$

dargestellt. $x_1, \ldots, x_n$ sind lokale Koordinaten in $\mathfrak{U}(A\,|\,\mathfrak{M}^n)$, insbesondere habe A die Koordinaten $x_1 = 0, \ldots, x_n = 0$. u und v werden als zweimal stetig differenzierbar vorausgesetzt, und die Funktionalmatrix

$$\begin{pmatrix} u_1 \ldots u_n \\ v_1 \ldots v_n \end{pmatrix}, \text{ wobei } u_\nu = \frac{\partial u}{\partial x_\nu},\ v_\nu = \frac{\partial v}{\partial x_\nu} \text{ gesetzt ist,}$$

habe im Punkte A den Rang 2, oder was dasselbe besagt: Die Vektoren grad u und grad v sind im Punkte A linear unabhängig. Es sei $(\bar{x}) = (\bar{x}_1, \ldots, \bar{x}_n)$ ein auf $\mathfrak{A}$ liegender Punkt von $\mathfrak{U}(A\,|\,\mathfrak{M}^n)$. Wir ziehen von $(\bar{x})$ aus eine Elementarstrecke, die in $(\bar{x})$ senkrecht auf $\mathfrak{A}$ steht und so kurz ist, daß sie ganz in $\mathfrak{U}(A\,|\,\mathfrak{M}^n)$ liegt. Ihre Gleichung ist nach Anm. 20 S. 98 Gleichung (6):

$$x_\nu = h_\nu(\bar{x}, \xi). \tag{2}$$

Die Komponenten $\xi_1, \ldots, \xi_n$ der Elementarstrecke ergeben sich mit zwei Koeffizienten ϱ, σ als Linearkombination der Vektoren grad u und grad v, deren kontravariante Komponenten wir mit

$$u^1, \ldots, u^n \quad \text{bzw.} \quad v^1, \ldots, v^n$$

$$u_\mu = \sum_\nu g_{\mu\nu} u^\nu, \qquad v_\mu = \sum_\nu g_{\mu\nu} v^\nu$$

bezeichnen:

$$\xi_\nu = \varrho u^\nu(\bar{x}) + \sigma v^\nu(\bar{x}). \tag{3}$$

Trägt man diesen Wert in (2) ein, so ergeben sich die Gleichungen

$$(4)\quad \begin{cases} x_\nu = h_\nu(\bar{x}_1, \ldots, \bar{x}_n;\ \varrho u^1 + \sigma v^1, \ldots, \varrho u^n + \sigma v^n) \\ u(\bar{x}_1, \ldots, \bar{x}_n) = 0; \quad v(\bar{x}_1, \ldots, \bar{x}_n) = 0. \end{cases}$$

Hierin sind u^μ und v^μ als Funktionen von $\bar{x}_1, \ldots, \bar{x}_n$ aufzufassen.

Die $n+2$ Gleichungen (4) lassen sich nach $\bar{x}_1, \ldots, \bar{x}_n, \varrho, \sigma$ auflösen. Denn die Funktionaldeterminante Δ lautet an der Stelle $(\bar{x}) = (0)$, $\varrho = \sigma = 0$:

$$\Delta = \begin{vmatrix} \frac{\partial h_1}{\partial \bar{x}_1} \cdots \frac{\partial h_1}{\partial \bar{x}_n} & \sum \frac{\partial h_1}{\partial \xi_\nu} u^\nu & \sum \frac{\partial h_1}{\partial \xi_\nu} v^\nu \\ \cdots\cdots & \cdot & \cdot \\ \frac{\partial h_n}{\partial \bar{x}_1} \cdots \frac{\partial h_n}{\partial \bar{x}_n} & \sum \frac{\partial h_n}{\partial \xi_\nu} u^\nu & \sum \frac{\partial h_n}{\partial \xi_\nu} v^\nu \\ u_1 \cdots u_n & 0 & 0 \\ v_1 \cdots v_n & 0 & 0 \end{vmatrix}$$

sie ist wegen Gleichung (6′) und (8′) von S. 98 gleich

$$= \begin{vmatrix} 1 \cdots 0 & u^1 & v^1 \\ \cdots\cdots & \cdot & \cdot \\ 0 \cdots 1 & u^n & v^n \\ u_1 \cdots u_n & 0 & 0 \\ v_1 \cdots v_n & 0 & 0 \end{vmatrix} = \left(\sum u_\nu u^\nu\right)\left(\sum v\ v^\nu\right) - \left(\sum u_\nu v^\nu\right)^2 > 0,$$

da die Vektoren grad u und grad v linear unabhängig sind.

Es gibt daher nach dem Satze über implizite Funktionen eine n-dimensionale Umgebung $\mathfrak{X}$ der Stelle $x_1 = 0, \ldots, x_n = 0$ und eine $(n+2)$-dimensionale Umgebung $\mathfrak{S}$ der Stelle $\bar{x}_1 = 0, \ldots, \bar{x}_n = 0$, $\varrho = 0$, $\sigma = 0$ von der Art, daß zu jedem Wertesysteme $x_1, \ldots, x_n$ aus $\mathfrak{X}$ ein und nur ein Wertesystem $\bar{x}_1, \ldots, \bar{x}_n, \varrho, \sigma$ aus $\mathfrak{S}$ gehört, das die Gleichungen (4) erfüllt.

Wir betrachten nun die ε-Umgebung $\mathfrak{U}_\varepsilon(\mathfrak{A} \mid \mathfrak{M}^n)$ mit einem ε, das nicht größer als die Elementarlänge d ist. P sei ein beliebiger Punkt von $\mathfrak{U}_\varepsilon(\mathfrak{A} \mid \mathfrak{M}^n)$ und P_0 ein Punkt auf $\mathfrak{A}$, dessen Entfernung $\varrho(P, P_0)$ von P möglichst klein ist. Sicher ist $\varrho(P, P_0) < \varepsilon$, und es existiert also die Elementarstrecke PP_0. Sie steht senkrecht auf $\mathfrak{A}$ im Punkte P_0, denn sie schließt mit jeder durch P_0 gehenden glatten Kurve von $\mathfrak{A}$ einen rechten Winkel ein, nach Anm. 20 S. 100 Geichung (12). Man kann daher aus jedem Punkt P von $\mathfrak{U}_\varepsilon(\mathfrak{A} \mid \mathfrak{M}^n)$ mindestens ein Lot (= Geodätische, die von P nach einem Punkte von $\mathfrak{A}$ führt und dort senkrecht auf $\mathfrak{A}$ steht) fällen, dessen Länge $< \varepsilon$ ist.

Daß es bei hinreichend kleinen ε höchstens ein solches Lot aus jedem Punkte P von $\mathfrak{U}_\varepsilon(\mathfrak{A} \mid \mathfrak{M}^n)$ gibt, folgt indirekt. Gesetzt es gäbe zu jeder Zahl der Nullfolge $\varepsilon_i = \frac{1}{i}$ einen Punkt P_i in der ε_i-Umgebung von $\mathfrak{A}$, durch den wenigstens zwei Lote von der Länge $< \varepsilon_i$ hindurchgehen. Diese Punkte haben einen Häufungspunkt A auf $\mathfrak{A}$, und man darf ohne Beschränkung der Allgemeinheit annehmen, daß die Folge $P_1, P_2, \ldots$ nach A konvergiert. Sei $P_i \bar{P}_i$ eines der von P_i auf $\mathfrak{A}$ gefüllten Lote. Dann konvergieren auch die Fußpunkte $\bar{P}_i$ nach A, da die Längen der Lote nach 0 gehen. Sie liegen daher schließlich in der Umgebung $\mathfrak{U}(A \mid \mathfrak{M}^n)$, in der die Darstellung (1) gilt. Es bestehen also für genügend großes i zwischen den Koordinaten $x_1^{(i)}, \ldots, x_n^{(i)}$ von P_i und den Koordinaten $\bar{x}_1^{(i)}, \ldots, \bar{x}_n^{(i)}$ von $\bar{P}_i$ die Gleichungen (4), in denen man an

Stelle von x_ν, $\bar{x}_\nu$, ϱ, σ nur $x_\nu^{(i)}$, $\bar{x}_\nu^{(i)}$, $\varrho^{(i)}$, $\sigma^{(i)}$ zu schreiben hat. Da die P_i und die $\bar{P}_i$ nach A konvergieren, ist

$$\lim_{i\to\infty} x_\nu^{(i)} = 0, \quad \lim_{i\to\infty} \bar{x}_\nu^{(i)} = 0 \qquad (\nu = 1, \ldots, n).$$

Ebenso konvergieren die Komponenten des Lotes $P_i \bar{P}_i$ nach 0:

$$\lim_{i\to\infty} \xi_\nu^{(i)} = 0 \qquad (\nu = 1, \ldots, n),$$

und somit ist nach (3) wegen der linearen Unabhängigkeit der Vektoren grad u und grad v in A:

$$\lim_{i\to\infty} \varrho^{(i)} = 0, \quad \lim_{i\to\infty} \sigma^{(i)} = 0.$$

Für genügend großes i liegt also $x_1^{(i)}, \ldots, x_n^{(i)}$ in der oben genannten Umgebung $\mathfrak{X}$ und $\bar{x}_1^{(i)}, \ldots, \bar{x}_n^{(i)}$, $\varrho^{(i)}$, $\sigma^{(i)}$ in der Umgebung $\mathfrak{S}$. Dann sind aber, wie wir gesehen haben, die Werte $\bar{x}_1^{(i)}, \ldots, \bar{x}_n^{(i)}$, $\varrho^{(i)}$, $\sigma^{(i)}$ eindeutig durch $x_1^{(i)}, \ldots, x_n^{(i)}$ bestimmt, im Widerspruche mit der Annahme, daß durch jeden der Punkte P_i zwei verschiedene Lote von einer Länge $< \varepsilon_i$ hindurchgehen.

Damit ist bewiesen, daß $\mathfrak{U}_\varepsilon(\mathfrak{A} \mid \mathfrak{M}^n)$ für hinreichend kleines ε eine normale Umgebung von $\mathfrak{A}$ ist.

Da, wie wir sahen, ein Punkt P_0 von $\mathfrak{A}$, dessen Entfernung von einem gegebenen Punkte P in $\mathfrak{U}_\varepsilon(\mathfrak{A} \mid \mathfrak{M}^n)$ möglichst klein ist, sicher ein Lot PP_0 liefert, so folgt zugleich, daß *der Fußpunkt des Lotes von P auf $\mathfrak{A}$ eine kleinere Entfernung von P hat als jeder andere Punkt von $\mathfrak{A}$.*

32 (S. 83) Zum Beweise, daß ein Punkt $Y \neq M_0$ von $\mathfrak{Y}$ nicht stationär sein kann, berufen wir uns auf Anm. 20 Absatz 4. Dort haben wir gezeigt, daß $\frac{dJ}{ds} = \cos\vartheta(s)$ ist, wenn J die Länge der Elementarstrecke bezeichnet, die von einem festen Punkte (in unserem Falle dem Punkte M_1) nach einem variabeln Punkte (in unserem Falle Y) führt, s die Bogenlänge auf der Kurve, die der variable Punkt durchläuft (in unserem Falle eine Kurve auf $\mathfrak{A}$) und ϑ der Winkel zwischen der Elementarstrecke und der Tangente an die vom variabeln Punkte durchlaufene Kurve ist.

Nun ist in einem stationären Punkte von $l(y, m)$ — (m) wird hier immer festgehalten —

$$\frac{\partial l}{\partial y_\varrho} = 0 \qquad (\varrho = 1, \ldots, a),$$

also

$$\frac{dl}{ds} = 0$$

für jede durch Y gehende Kurve von $\mathfrak{A}$. Daraus folgt aber, daß für jede solche Kurve $\vartheta = \frac{\pi}{2}$ in Y ist, d. h. daß die Elementarstrecke $M_1 Y$ senkrecht auf $\mathfrak{A}$ steht. Da M_1 in der normalen $\frac{\alpha}{q}$-Umgebung von $\mathfrak{A}$ liegt, so gibt es nur eine Geodätische, nämlich $M_1 M_0$, die von M_1 ausgeht, kürzer als $\frac{\alpha}{q}$ ist und senkrecht auf $\mathfrak{A}$ steht, nach Definition der normalen Umgebung. Also kann der Punkt $Y \neq M_0$ nicht stationär sein.

Daß M_0 eine kleinere Entfernung von M_1 hat als jeder andere Punkt von $\mathfrak{A}$, wurde bereits in Anm. 31 gezeigt.

33 (S. 83) Bekanntlich lassen sich aus den Funktionen $g_{\mu\nu}(x_1, \ldots, x_n)$, die die Metrik von $\mathfrak{M}^n$ bestimmen, sowie aus den Gleichungen (1) von § 22 S. 79, die die Einlagerung von $\mathfrak{A}$ geben, die Funktionen $\bar{g}_{\varrho\sigma}(y_1, \ldots, y_a)$ berechnen, die die induzierte

Metrik von $\mathfrak{A}$ festlegen. Die Fallinien der Funktion $l(y, m)$ bei festem (m) sind die Lösungen des Differentialgleichungssystemes

$$\frac{dy_\varrho}{dt} = \frac{\sum_\sigma \bar{g}^{\varrho\sigma}(y) \frac{\partial l}{\partial y_\sigma}}{\sum_{\sigma\lambda} \bar{g}^{\sigma\lambda} \frac{\partial l}{\partial y_\sigma} \frac{\partial l}{\partial y_\lambda}} \qquad (\varrho, \sigma, \lambda = 1, \ldots, a).$$

Da $\frac{dl}{dt}$ wegen des hinzugefügten Nenners dieses Systemes $= 1$ ist, kann man l an Stelle von t als Parameter auf den Fallinien einführen und erhält dann die Lösungen in der Form

$$y_\varrho = \psi_\varrho(l; y^0; m).$$

$m_1, \ldots, m_n$ werden hierin als Parameter mitgeführt, die zunächst ungeändert bleiben, $y_1, \ldots, y_a$ sind die lokalen Koordinaten des zum Parameterwerte l gehörigen Punktes auf der durch den Punkt $y_1^0, \ldots, y_a^0$, den Anfangspunkt, gehenden Fallinie auf $\mathfrak{A}$.

Wir nehmen jetzt insbesondere an, daß der Punkt (y^0) der Punkt T_0 von S. 83 ist. Dann hat der Punkt $(T_0(c))_\tau$ die lokalen Koordinaten

$$y_\varrho = \psi_\varrho(l_0 + (l_{\min} - l_0)(\tau - 2); y^0; m) \qquad (2 \leqq \tau < 3).$$

l_0 ist der Wert von l im Punkte T_0, $l_{\min}$ der Wert im Punkte M_0. Wenn τ nach 3 geht, so konvergiert der l-Wert des Punktes (y) nach $l_{\min}$, und da $l_{\min}$, wie wir sahen, nur in M_0 angenommen wird, so konvergiert der Punkt (y) nach M_0.

[34] (S. 83) Man erkennt aus der letzten Formel der vorigen Anmerkung, daß $(T_0(c))_\tau$ für $2 \leqq \tau < 3$ stetig abhängt von τ, $(y^0) = T_0$ und $(m) = M_1$ sowie von l_0 und $l_{\min}$. l_0 hängt seinerseits stetig ab von (y_0) und (m), und $l_{\min}$ von (m), da die Entfernung eines Punktes $(m) = M_1$ von der Punktmenge $\mathfrak{A}$ eine stetige Funktion von (m) ist. Also hängt schließlich $(T_0(c))_\tau$ stetig ab von τ, T_0 und M_1, und da T_0 und M_1 stetig von c abhängen, von τ und c.

Bleibt nur noch zu zeigen, daß $(T_0(c))_\tau$ auch für $\tau = 3$ stetig abhängt von c und τ, oder was dasselbe ist, daß eine Punktfolge $(T_0(c_i))_{\tau_i}$ $(i = 1, 2, \ldots)$ immer nach $(T_0(c))_3 = M_0(c)$ konvergiert, sobald die Kurvenfolge $c_1, c_2, \ldots$ nach c und die Zahlenfolge $\tau_1, \tau_2, \ldots$ nach 3 konvergiert. Nun gilt aber nach Konstruktion von $(T_0(c_i))_{\tau_i}$ die Formel

$$\varrho\big(M_1(c_i), (T_0(c_i))_{\tau_i}\big) - \varrho(M_1(c_i), M_0(c_i)) = \{\varrho(M_1(c_i), T_0(c_i)) - \varrho(M_1(c_i), M_0(c_i))\}(3 - \tau_i)$$
$$< \left(\frac{\alpha}{q} - 0\right)(3 - \tau_i) = \frac{\alpha}{q}(3 - \tau_i). \ {}^{*)}$$

Ist nun H ein beliebiger Häufungspunkt der Folge $(T_0(c_i))_{\tau_i}$, so folgt aus dieser Ungleichung durch Grenzübergang

$$\varrho(M_1(c), H) - \varrho(M_1(c), M_0(c)) \leqq 0$$

oder

$$\varrho(M_1(c), H) = \varrho(M_1(c), M_0(c)),$$

also $H = M_0(c)$, was zu beweisen war.

[35] (S. 87) Die Differentialgleichungen der Fallinien lauten in lokalen Koordinaten $x_1, \ldots, x_n$

$$-\frac{dx_\nu}{dt} = J^\nu \left(= \sum g^{\mu\nu} J_\mu = \sum g^{\mu\nu} \frac{\partial J}{\partial x^\mu}\right).$$

---

*) Es ist $T_0(c_i) = (T_0(c_i))_2$ der Anfangspunkt von c_i; $\varrho(P, Q)$ bezeichnet wie immer die Entfernung der Punkte P und Q.

Faßt man t als Zeit auf, so definieren diese Differentialgleichungen eine stationäre Strömung in Ω, bei der nur die stationären Punkte fest bleiben. Es ist

$$-\frac{dJ}{dt} = \sum J_\nu J^\nu = |\operatorname{grad} J|^2 > \varepsilon$$

($\varepsilon > 0$) für alle Punkte von $\{\gamma \leqq J \leqq \beta\}$ außerhalb beliebig kleiner Zylinderumgebungen, die man um die Punkte von $\mathfrak{g}$ geschlagen hat und die zusammen eine Umgebung $\mathfrak{U}(\mathfrak{g} \mid \Omega)$ ausmachen. In der Zeit $\frac{\beta - \gamma}{\varepsilon}$ ist daher $\{J \leqq \beta\}$ in eine Teilmenge von $\{J < \gamma\} + \mathfrak{U}$ übergegangen. Nunmehr kann man noch auf jede einzelne Zylinderumgebung von $\mathfrak{g}$ die J-Deformation von § 9 Absatz 7 anwenden und diese Deformation stetig nach außen hin zur Identität abklingen lassen wie in § 14 Absatz 14.

36 (S. 85) Vergleiche zum Anhang: W. Threlfall, Morsesche Formeln. Jhrsber. Deutsch. Math. Ver. (1939).

37 (S. 10) Vergl. Hilbert, Cohn-Vossen, Anschauliche Geometrie (New York) S. 169.

Sachverzeichnis

Die Zahlen verweisen, soweit nicht Angabe nach Paragraphen erfolgt ist, auf Seiten; hochgestellte eingeklammerte Zahlen auf die Anmerkungen S. 93 ff.

THE THEORY OF MATRICES

By C. C. MacDUFFEE

This important work presents a clear and comprehensive picture of present day matrix theory. The author covers the entire field of matrix theory, correlating and integrating the enormous mass of results that have been obtained in the subject. A wealth of new material is incorporated in the text and the relationship of the various topics to the field as a whole is carefully delineated.

The Theory of Matrices is from the famous series *Ergebnisse der Mathematik und Ihrer Grenzgebiete.*

"No mathematical library can afford to be without this book.

"... elegant proofs....

"The great value of this book ... lies in the fact that ... one can understand the relationship of the work of various authors to the field as a whole and become acquainted with this work with a minimum of labor. Much of the material is nowhere else available except in the original memoirs and thus for the first time really takes its place in the body of mathematics."

—*Bulletin of the American Mathematical Society.*

Second edition. 116 pages 6 x 9 inches

Published originally at $5.20

$2.75

CHELSEA PUBLISHING COMPANY, 231 W. 29th STREET, NEW YORK